U0260861

玩赏和田玉

郭清海 编著

百花文艺出版社
BAIHUA LITERATURE AND
ART PUBLISHING HOUSE

图书在版编目(CIP)数据

玩赏和田玉 / 郭清海著. —天津:百花文艺出版社,2012.1
ISBN 978-7-5306-5284-8

Ⅰ.①玩…　Ⅱ.①郭…　Ⅲ.①玉石—研究—和田地区　Ⅳ.①TS933.21-53

中国版本图书馆 CIP 数据核字(2011)第 231512 号

百花文艺出版社出版发行
地址:天津市和平区西康路35号
邮编:300051
e-mail: bhpubl@public.tpt.tj.cn
http://www.bhpubl.com.cn
发行部电话:(022)23332651　邮购部电话:(022)27695043
全国新华书店经销
武汉佳汇印务有限公司印刷
＊
开本 700×1000 毫米　1/16　印张 12
2012 年 1 月第 1 版　2012 年 1 月第 1 次印刷
定价:68.00 元

前　言

　　近年来,随着我国改革开放的日益深入,市场经济体制的建立与完善,人们的生活质量也有了相当大的提高,消费、娱乐、休闲、理财、投资等观念有了很大的改变与更新,其精神追求也发生巨大的变化。反映在艺术品收藏这一领域,无论是邮品磁卡、漆器字画;还是瓷器家具、古玩玉器,各种门类的藏品市场,均可用"火爆"来形容。这其中遍布大中城市随处可见"玉石专卖""和田玉专卖"的店铺,令我们真切的感受到爱玉、玩玉、赏玉、藏玉者众多,玉石玉器市场呈现蓬勃生机;且大有方兴未艾之势。

　　和田玉是软玉中的代表,其细腻莹润的质地,温润凝脂的光泽,色彩艳丽的皮张,构思精妙的巧工,将玉的形、色、韵充分展示出来。加之千百年来人们对玉的景仰崇敬之情、"君子比德于玉"之意、保健养颜修身养性之实以及引人生发幽古之思的深邃文化内涵,都是令人追捧追求的原因。

　　我国的玉文化历史悠久内容丰富,玉石在千万年的形成过程,玉在历史上的人文价值,玉之于人怡情养性之功效以及和田玉的产地、形成、特征、种类、开采、运输、加工、真伪等,这些知识性的内容,是每一位和田玉爱好者应该了解和掌握的。同时,怎么把玩,如何欣赏,怎样认识和田玉的价值,投资收藏又该如何识别真伪规避风险等,更应该是玩者藏家的"功课"。

　　本书旨在弘扬我国传统玉文化,传播和田玉鉴别欣赏的常识、知识,为玉石玉器爱好者挑选和田玉时提供一些有益的参考。书中近 300 幅玉石玉器作品图片与文字内容相呼应,形成较为直观的辨识与欣赏,"小贴士"和"玩家必知",则是对书中知识性内容的补充以及在市场挑选玉器时的一些技巧与注意事项。

　　亟盼这些知识性、观赏性、实用性的内容,带给每一位玩者藏家观赏上的愉悦,把玩中的启发,欣赏中的提高和挑选时的参考。

目录

玩赏和田玉

和田玉的概说

　　我国的玉文化历史悠久、源远流长，有"玉器之国"之称。远在新石器时代、青铜器时代，玉器就作为祭祀器物出现了，无论是祭天还是祭地，均是持玉而拜祭，由此可知玉器的重要地位。而作为"玉器之国"及那个时代的代表玉石就是软玉。由于在新疆和田一带产出的软玉最为有名、质量最佳，开采历史最悠久，因此软玉又称"和田玉"。

　　近年来，在新疆境内的尼雅、楼兰古国遗址的考古中均发现和田玉珠。先秦古籍中大量有关和田玉玉石、玉器的记载表明，商代时期和田玉就已进入中原，成为宫廷达官显贵们的追逐之物。这一时期考古出土的玉器多为

▷数十粒和田玉籽料。均有皮色，如秋梨皮、枣红皮、乌鸦皮、洒金皮、虎皮等。可做手串、饰物等挂件。

1

祭器、礼仪仪仗、工具、生活器皿、饰品等。阴阳线、日月纹、鱼形、龙形等纹饰较为多见。西周以后至春秋战国时期和田玉在中原日渐增多，雕刻艺术呈现成熟精美。从西周中后期的小型、扁平，以粗细阴线双勾法刻划，向浮雕、隐起发展，纹饰、镂空技术十分娴熟。玉器用途也由祭器、礼仪向佩饰发展。到战国时期，雕刻技术更加成熟，其特征主要有：新出现玉带钩、玉剑饰、玉印章，人物、动物等雕琢更趋于写实，兽面纹、谷纹、鸟纹等大量出现。和田玉源源不断输入中原，应在汉代张骞出使西域之后，继而成为中国玉文化中的主导材料。此后，历朝历代既有战乱之因，玉器发展进入低谷，如三国、两晋；也有回暖的隋唐及宋代以后愈来愈繁盛的状况，至清代达到玉器发展的鼎盛时期，而和田玉石的大规模输出，构成清代玉器主要的内容。

　　和田玉历史悠久，蜚声中外。和田玉制品闪耀着"东方艺术"的璀璨光辉，中国历代琳琅满目令人叹服的和田玉精品，既是中华民族五千年灿烂文化的组成部分，也是人类艺术发展史上的辉煌成就。

▷ 数十粒和田玉籽料。各种皮色均有，且玉质极佳，均属和田白玉上品。适宜各种用途的挂件。

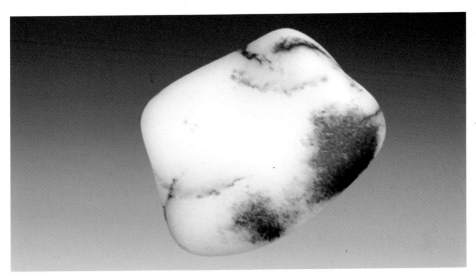

▶ 这是一块羊脂级和田玉籽料原石。玉上有"皮",俗称"黑油皮",皮的边缘为黄红色,体现出皮色形成的过程:皮色边缘先黄后红再黑最终形成厚实的"黑油皮"。这种皮色下的玉石结构密实,玉质细腻,摸上去有非常明显的凝脂感觉。此玉料形状呈天然"玩件",不饰雕琢即可作为手把件。原石上几道有皮色的"绺"是此玉的小小瑕疵,略感遗憾。

▶ 数颗和田玉籽料。每粒上均有较厚实的枣红皮。上行玉质达到羊脂级,下行各粒除枣红皮外,尚有洒金皮覆其上。

随着历史长河的流逝，那种环绕在玉器包括和田玉器上的政治功能、礼仪功能、宗教功能等，在现今社会已不再体现，但其驱灾辟邪、吉祥崇拜、美容健身、佩挂妆饰的功能等仍根植于许多人心中，也反映了人们对"玉"的喜爱。

▶和田玉籽数颗。各种形状，各种皮色，有全白亦有全皮。黄、红、黑、白各具特色。

近些年来，"玉"作为一种保值增值的艺术品，也被越来越多的人们当作一种投资方式受到追捧，这也是近些年，"玉"的市场愈发兴旺的主要原因之一。而玉石玉器爱好者在把玩欣赏之中，同时得到社会认同的诸多功能与作用，又是一件多么令人快意的事情啊！

▶和田玉籽料，含各色皮料的原籽。

和田玉的产地

在我国，白玉是一个特定的玉石品种，是白玉软玉的特定名称。因这种软玉主要产于新疆和田，所以又常被称为和田玉。

和田在古代被称为"于阗"，意思是"产玉石的地方"。高耸入云的昆仑山和阿尔金山自古产玉，人们最先发现从河流中下游的冲击而来的和田玉，继而沿河采集，上溯发现在海拔4000米左右的原生玉矿。这里有着丰富的和田玉矿产资源，但作为一种不可再生资源，在经历了数千年的开采和挖掘之后，产量逐年减少，所以和田玉也就成为一种不可多得的珍藏品了。

▷ 和田玉籽料原石。这是一块天然而成的把件玩料。盈握掌中，拇指恰恰扣住此玉石顶部枣红皮处。此玉质地细腻、油润，有厚重感。除顶部那圆粒状的枣红皮外，散布于玉石各处的星点皮色，令玩家把玩之时留有遐想空间。

和田玉分布于新疆莎车——塔什库尔干、和田——于阗、且末县绵延约1500公里的昆仑山脉北坡，海拔4000米左右。这里偏镁质大理岩居多，而和田玉往往就产在这种偏镁质大理岩一侧，属层控镁质矽卡岩型玉矿。和田玉的内部矿物组成以透闪石、阳起石为主，含有微量透辉石、蛇纹石、石墨、磁铁矿等，由此形成白色、青绿色、黑色、黄色等不同色泽。和田玉大多是单色玉，少数有杂色。玉质为半透明，抛光后呈现出脂状光泽。在4000米左右的山体边缘，裸露在外的原石，经长期风化剥蚀分解，被崩落剥离成为大小不等的玉石原块，再经季节性融雪洪水自山上冲下，流入河中，堆积到玉龙喀什河（白玉河）、喀拉喀什河（墨玉河）的上游或支流中。由于搬运距离不

▷ "千年红，万年黑"是新疆和田玉中极为罕见的。这块和田玉原石，通身被如墨般的黑皮所包裹，只露出这面所见红色皮下的玉色，诠释了"千年红，万年黑"这原生矿藏过程中先红后黑的演变经历。此玉结构缜密，油润滑腻，以原石状态作为收藏之物，玩赏之时，更可作为玉石形成"标本"之识。

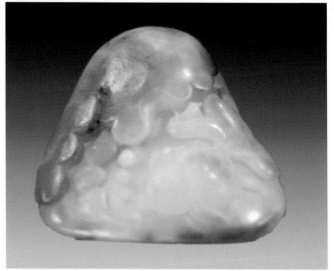

▷ 玉质，皮色俱佳的籽料作品。

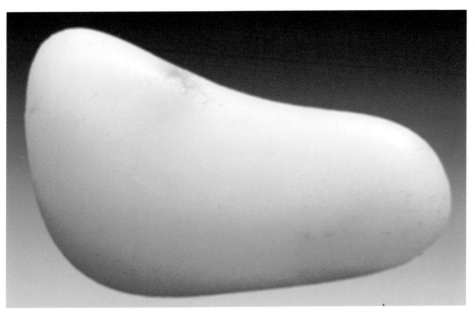

▶ 这是一块典型的俄罗斯玉通过磨光，再做上假皮，人造毛孔，仿和田玉籽料仿真度极高，几可乱真。在强光下仍能见其俄料雪花状结构特征。

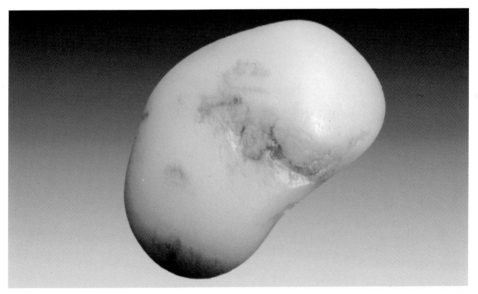

▶ 这块和田玉属于羊脂级玉种，其白度、油脂度均为上等。此玉结构极为缜密。未见"皮"色形成，正是其密度极高所致，"皮"在其上难以沁入形成，只是在中间出"绺"的地方形成了些许"洒金皮"。其形状天然成为手把件，盈握于手，厚重、细实、脂腻之感明显。

远,玉料的棱角初步滚磨,在河水中浸润的时间不长,这种玉料称为山流水料。冲入两条河流的玉料原石经过年复一年水流的冲击、摩擦、滚动和洗刷,搬运的距离长达数百上千公里,原有坚硬棱角的玉石原料变得十分光滑圆润。如果这种大小不等的鹅卵状玉石被冲到河岸的戈壁滩上,就成为戈壁籽玉;仍留在白玉河、墨玉河里的鹅卵状玉石被人们捞起,就成为和田籽玉。从能够确定的最早的新石器时期的和田玉玉器直至清中期,所见和田玉玉器均为河床、河水中采集的籽料所成。清代才开始有规模地在和田玉原生矿产的岩层中开采玉石,相对于河床、戈壁滩、河水中采集的和田玉籽料而言,这种在岩层中开采的和田玉称为山料。

▶ 此和田玉籽料上有枣红皮,色彩鲜艳,油脂度极高。缺憾是有细纹,反映此玉的密度稍逊。

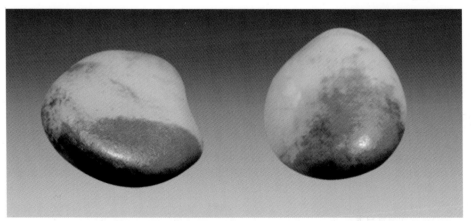

▶ 图中二块和田玉籽料犹如一对"孪生",多被黄、红色沁染且色彩鲜明。其结构、密度、油性均属上乘。这种玉种白中泛粉,雕琢加工过程中会呈现为白度极高的羊脂白玉。可作为挂件料巧饰,亦是收藏的上品。

和田玉的类别

清代陈胜《玉记》中说："产水底者名子儿玉，为上；产山上者名宝盖玉，次之。"明代李时珍《本草纲目》中说："玉有山产、水产两种，各地之玉多产在山上，于阗之玉则在河边。"当地采玉者则根据和田玉产出环境的不同将其分为山料、山流水、籽玉三种。现今通常的分类除按产出环境分类外，还可按颜色分类。我们分述如下。

 这是两块和田青白玉原石。周身均被沁色所包裹，"油脂"渗出沁色，可见其细腻脂润。左面一块沁色形成黄、红、黑三色。右面一块为黄红沁色。这两块青白玉形状完整，亦是天然形成的"玩料"。

▶ 和田玉籽料。此玉白中泛粉，上端带有红皮。该玉结构缜密，玉质细腻，油脂度极高。顶端的枣红皮，会令玉石技师充分发挥创作想象，适宜雕琢为把件。此玉强光下可见玉中有水线(行内称为"玉带")，是其瑕疵。但从另一方面说明，凡玉中有水线者恰恰证明该玉的密度、硬度极高，这也是玉石爱好者应了解的常识之一。

一、按产出环境分类

1.山料

山料又叫山玉、碴子玉、宝盖玉，指产于山上的原生矿。山料的特点是开采下来的玉石呈棱角状，块度大小不同，质地良莠不齐、质量远不如籽玉。

2.山流水

山流水这一名称是由采玉人和琢玉艺人给命名的，是指夹生在海拔4000米上下山岩中的原生矿石经过长期风化崩裂、坠落在山坡上，大小不一，再经雨水、山洪冲刷、搬运的玉石。山流水的特点是玉石表面比较平滑，距原生玉石矿藏较近，棱角稍有磨圆，块度较大。

3.籽玉

籽玉又称子玉、子儿玉，是指原生矿风化剥蚀被流水搬运到河流中，经流水分选沉积下来的优质玉石。它分布于浅水河床及两侧阶地中,裸露地表或埋于地下。籽料呈卵状,大小都有,但小块居多。因为经过长途搬运冲刷、分选,所以籽玉大多质量好,水头足,色泽洁净,上好的羊脂级白玉就产自其中。籽玉有各种颜色。

二、按颜色分类

和田玉按颜色不同可分为白玉、青玉、墨玉、黄玉四类,其他颜色的和田玉大可归类于此四类中。

1.白玉

白玉的颜色由白到青白(亦有将此种介于白玉与青玉之间、似白非白,似青非青单列为青白玉),多种多样,即使是同一矿脉,也不尽相同,叫法上也是五花八门,有普通白、季花白、石腊白、鱼骨白、鱼肚白、梨花白、月白等等。白玉是和田玉里的高档玉石,块度一般不大。这种玉料全球仅产于新疆。

▶ 黄玉籽料。原生矿藏中因长期受地表水中氧化铁渗透而形成的色调。此玉细腻、温润,油脂度极高。色调均匀则更为少见,似接近于"黄如熟栗"之上品。封建时代,此类玉多为贡品,进贡帝王之用,也可见其稀少而为"贵"。

此外，还有以白玉为基调的葱白、粉青和灰白等色的青白玉，这类玉较常见。有的白籽玉由于经氧化，表面带有一定的颜色。带秋梨色叫"秋梨籽"、虎皮色叫"虎皮籽"、枣皮色叫"枣皮籽"。这些都属于和田玉中的名贵珍品。

羊脂玉因色似羊脂，质地细腻，"白如截脂"，特别滋蕴光润，给人一种刚中见柔的感觉，更成为和田玉籽玉中最好的品种。这种羊脂级白玉产出十分稀少、极其名贵，为罕见的上品。

青白玉以白色为基调，在白玉中隐隐闪绿、闪青、闪灰等，属于白玉与青玉之间的过渡品种，常见有葱白、粉青、灰白等。

2.青玉

青玉有浅青色到深青色，有些呈绿带灰色，

▶ 此玉形似红枣中夹含糯米面而成的"食物"，令人垂诞欲滴。皮色中黄、红、黑，加之玉本身的白，形成多种色彩，又令人爱不释手，不得不惊叹大自然的"鬼斧神工"！

▶ 此玉称奇之处在于两面形成十分对称的黑色皮，在弧线清晰的中间部分展露出羊脂白，形成黑白分明的层次。在和田玉籽料中如此巧夺天工之物并不多见，故此玉极具收藏价值。

颜色种类较多,和田玉中此类玉最多,常见大块者。近年来市场上见有一种翠青玉新品种,呈淡绿色、色嫩,质地细腻,是较好的品种。

3.黄玉

黄玉的颜色有淡黄到深黄色,有栗黄、秋葵黄、黄花黄、鸡蛋黄、虎皮黄等。有的质量极佳,黄色正而娇、润而脂,为玉中珍品。古人以"黄如蒸梨""黄如熟栗"者为最佳。黄玉十分罕见且难得,在几千年探玉史上偶尔见到,质优者其价值不低于羊脂玉。

黄玉基质为白玉,因长期受到地表水中氧化铁的渗滤在缝隙中逐渐形成黄色调。

4.墨玉

墨玉有黑、墨黑、淡黑到青黑,其墨色多为云雾状、条带状等。有"乌云片"、"淡墨光"、"金貂须"、"美人鬓"、"纯漆黑"等名称。在一块墨玉料上,墨色的程度强弱往往不是很均匀,分布也不是很一致。除墨色外,有的还会杂

 这是一块和田黄玉"玩料",天然而成的"金瓜"。在强光下观察可见此玉结构缜密,密度较高。此玉适合与黄金合一制作,更体现其"尊贵"身份。和田黄玉顶级之"黄如热栗"或许由此玉中亦可体现出来。

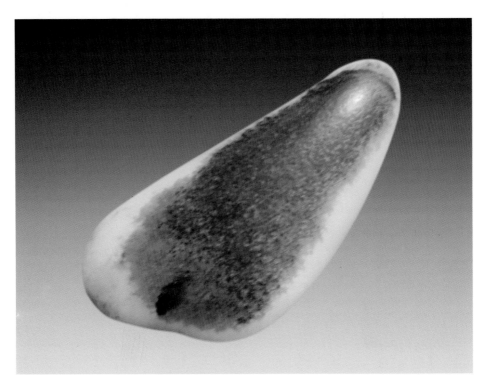

一块具有黄、红、黑三色集一身的和田玉籽料。从这三色由浅而深(黄—红—黑)的渐变中,可见其形成皮色的年代变化,三色集一在和田玉籽料中是极为少见的。此玉为羊脂级,天然而成的把件"玩料"。

有青色乃至白色。一般有全墨、聚墨、点墨之分。全墨,即古人所说"墨如纯漆",十分罕见,乃玉中上品。聚墨指青玉或白玉中墨色较聚集,有些则墨色不均,黑白对比强烈,玉工多巧雕使其成为俏色作品。

墨玉主要由呈柱状、粒状的透闪石组成,其间充填有石墨,致使玉石黑色。

"黳玉"也是古籍中记载的墨玉的一种,是青玉或白玉中较多细小的石墨鳞片比较均匀的星点状分布,被称"细墨"星者。黳玉的块度也很小,属于墨玉与青玉或白玉的过渡品种。

和田玉除上述四大类外,尚有碧玉、糖玉、多彩玉。简述如下:

碧玉,呈深绿、墨绿色,以颜色纯正的绿色为上品,夹有黑斑、黑点或玉筋的质量略差些。碧玉与青玉之间的界限虽说也有过渡性,但不像青玉与白玉之间那么模糊,是比较容易区别的。碧玉的颜色由含一定量的阳起石和含铁较多的透闪石所致,由于透闪石在85%以上,故碧玉质地细腻,呈油脂光泽。在我国历代的和田玉精品中,碧玉也占一席之地。

　　糖玉,因色似红糖而得名,"糖"多出现在白玉和青玉中,不是单独一个玉种,属从属地位。其糖色是经氧化,并受铁元素转化三氧化二铁浸染所致。真正红糖色者极为少见,多为紫红色或褐红色。

　　多彩玉,也有称花玉,是指在一块玉石上具有多种颜色且分布得当,构成具有一定形态的"花纹"玉石,如"虎皮玉"、"花斑玉"等。这类品种不常见到。

 此玉大部分被枣红皮所包裹,其露"肉"之处,可见品质达到羊脂级,白中泛粉。在和田玉籽料中能够形成这种枣红皮色的并不多见。虽说"玉不琢,不成器",但此玉仍以原石状收藏似为最佳。

和田玉的特征

□ □

一、和田玉的化学成分和矿物成分

和田玉是一种含水的钙镁硅酸盐,是由造岩矿物角闪石族中的透闪石

——阳起石矿物组成的致密块
体。在显微镜下观察和田软
玉呈纤维状结构。这种由透闪石
阳起石组成的纤维状结构,是软
玉具有温润细腻和坚韧的主要
原因。透闪石是一种含水和氟
的钙镁硅酸盐,为白色、灰色,
其成分中常含 4% 以下的铁,当
铁含量超过 4% 时即过渡为阳起
石。新疆和田玉的化学成分分
析结果是:二氧化硅 57.60%,氧
化钙 2.68%,其他杂质 2.74%。

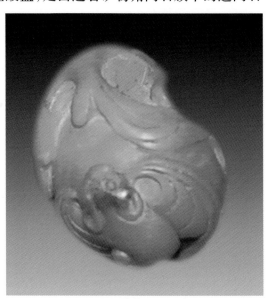

▶ 和田黄玉挂件。

二、结构特征

和田玉的主要结构特征有以下 5 种:

1. 毛毡状隐晶质变晶结构。这是和田玉最典型的一种结构,表现为透闪石颗粒非常细腻,粒度在光学显微镜下无法分清其轮廓,大小均一,交织而成毛毡状。具有这种结构的和田玉细润而且致密,是优质和田玉所具备的特征。这种结构在白玉、青玉、墨玉中都可见到,与和田玉质地紧密相关。

2. 显微纤维——隐晶质变结构。指由纤维状透闪石和隐晶质透闪石组

成的结构,其中纤维状透闪石呈弱定向排列。

3.显微纤维变晶结构。透闪石多呈纤维状聚集,大致平行分布。

4.显微片状隐晶质变晶结构。指主要由片状透闪石和隐晶质透闪石组成的结构,其中片状透闪石的含量不高,具有弱定向性。肉眼观察片状透闪石表现为斑点状杂质,若大量存在必将会影响玉石的质量。在琢磨时需要剔除,所以有该结构的玉石质地一般都较差。

5.显微片状变晶结构。透闪石颗粒呈叶片状分布,具有该结构的玉石质地一般较粗糙,甚至毫无经济价值。

了解和田玉的结构特征,也就能够弄清楚和田玉玉质高下优劣的原因所在了。

三、晶系

和田玉的主要组成矿物为透闪石为单斜晶系。

▶ 数十粒和田玉籽料。均有皮色,如秋梨皮、枣红皮、乌鸦皮、洒金皮、虎皮等各色。可做手串、饰物、挂件等。

四、结晶习性

本身为纤维状晶体的集合体。其原生矿床常呈块状,又称山料;次生矿为砾石或卵石状,若是原生矿经剥蚀后被搬运到河流中沉积下来的卵石,称为籽玉;若是原生矿经剥蚀后,仅经短途搬运而呈巨砾石产出者,称为山流水。

五、物理特征

1.颜色:和田玉的颜色有白、灰白、青白、黄、灰绿、深绿、墨绿和黑等。玉的颜色取决于透闪石的含量以及其中所含的杂质元素。

2.透明度:和田玉中大多数为微透明至不透明,以不透明为多。

3.光泽:光泽是指矿物表面对可见光反射的表现。古人称和田玉"温润而泽",是指其光泽带有很强的油脂性,给人以滋润的感觉。这种"油脂光泽"不强也不弱,既没有强光的晶莹感,也没有弱光的蜡质感,使人观之舒服,抚之润美。一般而言,和田玉的质地越纯,光泽就越好;杂质多,光泽就弱。诚然,光泽在一定程度上还取决于抛光程度。

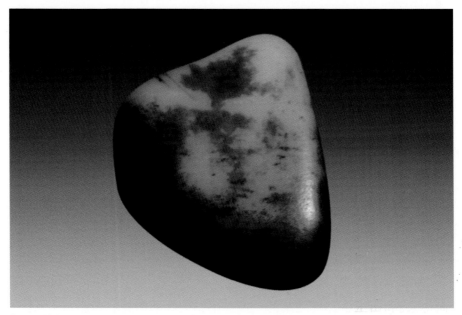

▶ 此籽料状如一颗红心,皮色形成似"天女散花",是天然的"玩料"。此玉双面皮色形成红、黄、黑、紫多色彩的结合体,为自然天成的"彩色玉"。极具观赏、把玩、收藏价值,且有较大的市场升值空间。

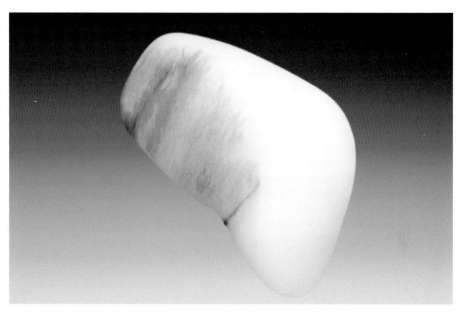

▶ 此玉结构细腻、温润。此玉种在雕琢加工过程中会形成白中泛青，脱落出羊脂级白玉。此类玉石料，行中所看中的是其加工后形成的令人艳羡的市场价值空间。"宁买青白料，不买灰白料"是行中常说的术语，青白料即指此玉这种类型，也称"脱青料"。

4. 断口：指和田玉沿着与内部原子结构无关的玉表面破裂。它的断开面呈参差状。

5. 比重：也称相对密度。指物体所受重力与其体积之比，和田玉的比重在 2.66—3.1 之间；和田墨玉因含有质量较轻的石墨鳞片，所以它的比重只有 2.66；和田白玉的比重在 2.90—2.93 之间；青玉的比重接近 3；玛纳斯碧玉的比重在 3—3.3 之间。

6. 硬度：指的是抗磨损的能力或说是刻划作用的能力。按照奥地利矿物学家摩斯提出的"摩氏硬度标准"，硬度由小到大分为 10 级。和田玉的硬度在 6—6.5 级之间。做个比较，人的指甲硬度为 2.5 级，分币的硬度为 3 级，玻璃的硬度为 5.5 级，小钢刀的硬度为 5.5 级，钢锉的硬度为 6.5 级……由此可知，和田玉作为软玉中的一种，这个"软"只是相对于硬玉（翡翠硬度 6.5—7）而得来。和田玉各品种之间的硬度并不相同，和田白玉、羊脂白玉、青玉、碧玉的硬度依次较前一种均略高些。

7.韧性:是指和田玉抗击、抗压、抗扭、抗割的能力。韧性包含脆性和柔性等内容。脆性越大,抗击抗压能力越小。和田玉毛毡状结构形成的脆性很小,柔性却很大,所以和田玉有较高的韧性,是玉石中韧性最强的。矿业界常以黑金刚石的韧度作为韧度标准的参照量。黑金刚石的韧度为100%;和田玉的韧度是其90%;翡翠约为黑金刚石的80%。翡翠的硬度虽超过和田玉,但它的分子结构为柱状和粒状交织,故脆性较大。由此可知,硬度高不一定就是韧度高。

8.折射率:表示在两个介质中光速比值的物理量。当一束光与和田玉相遇时,有些光被反射,有些光则进入和田玉组织结构,因为和田玉、空气两者的光学密度有差别,光在玉中的速度发生变化并改变原来的线路而发生折射。折射率是检验真假和田玉的一个重要参考。鉴定折射率一般用浸油法,即将玉放入浸油中,观察它轮廓的清晰程度,若浸油折射率与和田玉相近,则几乎无法看清玉的轮廓;如果折射率相差较大,则和田玉边缘会有较清晰的亮色轮廓。常用浸油折射率如下:水:1.34;甘油:1.46;橄榄油:1.47;苯:1.5;桂皮油:1.62;一碘萘:1.70。和田玉的折射率是1.606—1.632。

此外,和田玉的物理特征还有天然内含物(包裹体)、吸收光谱、发光性等。

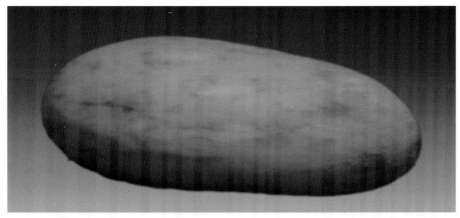

▷ 这是块卡瓦石。卡瓦石是一种常被用来仿冒软玉的石头,它的成分和蛇纹石相近。虽与和田玉外表很相似,但石质软轻,用刀很容易划出割痕,且质地粗糙,毛孔较大,缺乏油腻感,这是由于其没有油性,故看起来很干;因其密度较和田玉低,故同样大小的原料,和田玉有"压手"的感觉,而卡瓦石则显"轻飘"。

玩家必知

和田玉与俄罗斯玉、青海玉的辨识

这三者同属软玉，只是产地不同，因此在玉的成因、形成条件等方面就有差异，造成软玉的质量也就会存在一定的差异。就目前软玉的市场实际情况而言，毫无疑问和田玉的价格最高，其次是俄罗斯玉，再次是青海玉。这三者在矿层中同处一脉，矿物结构十分接近，因而在外观上有时很难区分。但从以下几个方面仔细进行辨别，还是可以看到它们之间的不同之处。这就是从透明度、细腻程度、温润感及油性，再加上同样大小的三种软玉的重量感这几方面辨识。

俄罗斯玉的透明度不及和田玉而呈不透明或微透明状。玉里面的云絮状纹理呈团块状，显浑浊感，部分粥样模糊状是其独有的特征。玉质结构"冰点"明显，灯下能见其中夹杂的"蟹爪纹"。其细腻程度也稍逊于和田玉，温润感不足，油性较差，比和田玉略显干涩。这是由于其质地较粗糙，结构排列不均匀所致，使质感不细糯，有些"刚"性，雕琢时易产生崩口、崩点。其硬度也比和田玉小约十度。

青海玉的透明度偏高于和田玉，大多呈半透明状，而质感、油润、细腻等方面又比和田玉稍差，凝重感明显不足。青海玉内在结构粒度稍粗但比较均匀，质感显得"嫩"，水头很足但油润度较低。由于透明度较高，故较容易看到石花、脑花、絮状僵花。强光透视观察玉里有水线玉筋，"水露"纹、"石筋"等。

上述对俄罗斯玉、青海玉与和田玉的比较鉴别，是仅就一般情况而言。在俄罗斯玉中鲜有籽料，但恰恰是在这种罕见的俄罗斯籽料中，有的籽料在上述几个方面与和田籽料相当；而青海玉中虽未见有籽料，但青海玉中现今几乎拣拾殆尽的坡料、沟料、白皮料中亦有极其罕见的不论是质感、料性均可媲美优质的和田玉籽料，且因原料稀缺，价格更是与和田籽料不相上下。

此外，和田玉籽料中带有"皮色"的很多；俄玉鲜有籽料，俄玉籽料带"皮色"也不多见，俄玉中带有"糖色"较多；青海玉中尚未见有籽料，鲜见"糖色"。

诚然，不同产地软玉的差别主要表现在内部结构和其微量成分方面，因此，准确的鉴别，尤其是不同软玉中的"罕见""鲜有"的玉石鉴别，必须依赖于先进仪器。

玩赏和田玉

▶ 用和田玉籽料雕琢而成的用途各异的小挂件，玉色、皮色、形状、形态各有特点。

▶ 把件，弥勒。

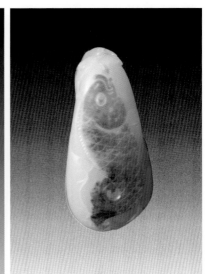

▶ 手把件，莲年有余。

▷ 数件半成品。有挂件,有把件。有的已完工但尚未打磨,有的在雕琢之中,有的玉上画着技师的构思。从半成品中可清晰的比较出籽料的白度不同。

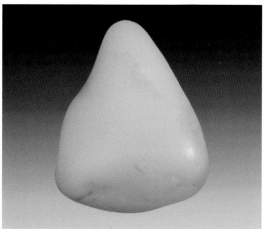

▷ 此籽料玉色洁白,质地细密,油脂度极高。为天然形成的把件"玩石"。

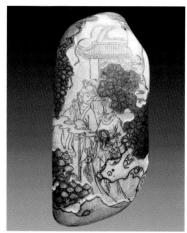

▷ 半成品。

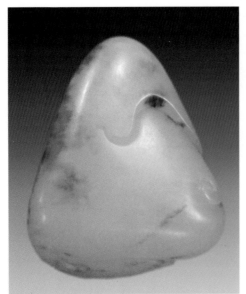

▶挂件。

▶挂件,"裸女"。一块和田黄玉籽料雕琢而成的作品。

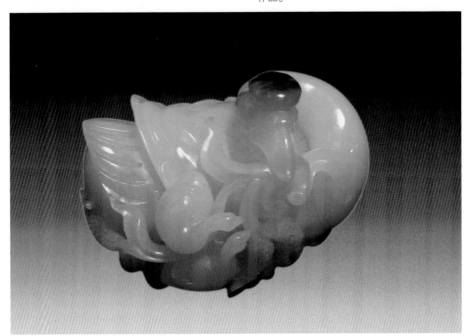

▶手把件,鹅如意。

和田玉的识别

　　新疆和田玉闻名于世,受到众多消费者的喜爱,这种喜爱并不仅仅局限于和田玉的玩家。需求的增大,市场的繁荣,和田玉产地资源近于枯竭的现实以及和田玉价格的飙升,使得市场上出现了以次充好、以假充真的情况。客观的说,当下市场上真正好的和田玉难以见到,"羊脂玉"就更难得一遇了。市场上所见许多是白色岫玉,也就是昆仑玉经抛光后冒充的;一些所谓"籽玉"表面的皮色是人工做假而成的;一些"白籽玉"则是用白玉、青玉碎山料在滚筒中滚磨而成的;还有的用"卡瓦石"冒充墨玉。不少打着"新疆和田玉"招牌的店铺将青海产的"青海玉"和俄罗斯白玉称为和田玉或羊脂

▶ 这是一块"色彩斑斓"的和田玉籽料。黑如墨,白如脂,红似火。莹润细密,色泽晶莹,是难得一见的上品,不饰雕琢亦是玩家爱不释手之物。

白玉。更有甚者将碳酸盐质的所谓"阿富汗玉"称为"脂白玉",说"脂白玉"产自和田,仅次于羊脂白玉,误导消费者,赚取钱财。

和田玉的价值远高于其他类似软玉,如俄罗斯玉、青海玉、岫岩河磨

▶ 山流水。

玉等。价格有的相差数倍,数十倍,而石英质玉石、碳酸盐玉石的价值与和田玉相比就更低了。以这些假冒和田玉不仅扰乱了玉石市场的规范经营,也使一些消费者蒙受经济损失,甚至精神伤害。那么如何对和田玉进行识别、鉴别呢?

▶ 和田玉山流水原石。山流水这一名称是采玉人跟琢玉技工的叫法,被学界及行内接受。山流水指海拔3500米至5000米这一高度的山岩中,经过长期分化剥解为大小不一的碎块,在峭壁山坡,后经雨水冲刷落入河中(山流水)。其特点是距离原生玉石矿藏较近,块较大,有磨圆的棱角,表面也较光滑。按不专业的话说,山流水是尚未形成籽料的原石,其质地在山料之上,介乎于籽料与山料之间的玉石。油润度与籽料相比尚不足。进入河床经过挤压、碰撞、磨擦及经久的年代或许成为籽料玉石。在这块山流水原石上即可看到其特征。

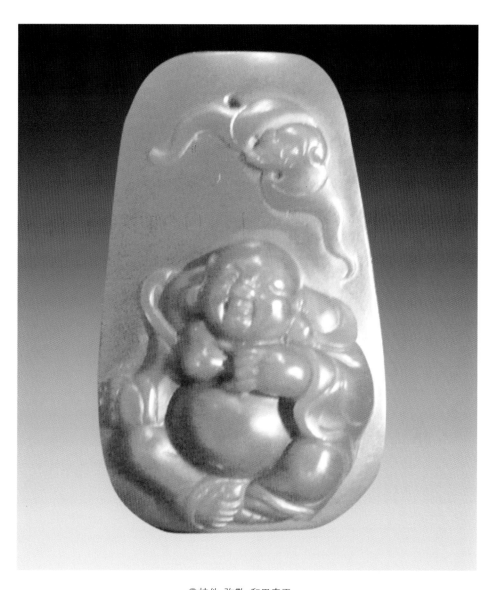

▶挂件,弥勒。和田青玉。

　　首先要对和田玉类别、特征有基本的了解,尤其是对和田白玉、籽料、山料、山流水的不同特征要有较清晰的了解与掌握;再加上对俄料、青海料等其他白玉也要有所了解,并掌握这些白玉与和田玉的不同之处。

一、和田玉的辨识

1.和田玉辨识的原则

辨识鉴别和田玉优劣高下的方法有多种,但基本上可以从颜色、质地、形状、净度这几个方面进行。

上品的和田玉(白玉)应该具有色白、温润、细腻、凝脂、皮美等特征。依次向下品质的和田玉同样应具有质地细腻、颜色明快、脂白均匀、无绺裂瑕疵、皮色秀美等特征。这些特征相互关连、交叉、作用,有种辩证关系在其中,把握住这些重要特征,也就基本掌握了辨识和田白玉优劣的标准。而辨识俄玉、青海玉等,一般也都是参照比较和田白玉的鉴别标准的。因为在所有白玉品种中,和田玉居首,在和田玉中,和田籽料最好、色白滋润、质纯粒细、绺裂瑕疵少、韧性好、皮色佳、色彩艳丽;其下依次为和田戈壁籽玉、山流水料、山料。

把件,和田黄玉。

2.和田玉的产状与特征

根据和田玉产状的不同分为籽料、戈壁料、山流水料、山料。各自的特征都较为明显。

①籽料的特征

和田籽料属于冲积型、洪积型，出自于河流的中下游河床上，上万年的风化剥蚀、长途的滚落搬运、水流的冲击，使其表面光滑圆润，成为卵石状，块度均较小，大多有浸染的黄、红、黑皮色。前文已述及，由于籽料的这种产状，使其质地细腻密实、滋润，有光泽、感觉柔和、微透明，是和田玉中的上品。籽料中最优者为纯白籽，又叫"光白籽"，玉面如凝脂。

皮色是籽料的一个重要外观特征。天然的沁色外皮，色彩斑斓，令人赏心悦目。业内行家一般从籽料表皮、洼处的颜色即可推测其内部质地和颜色。白籽料不论皮色如何，内部一般仍为白色。羊脂白玉是籽料中的精品，

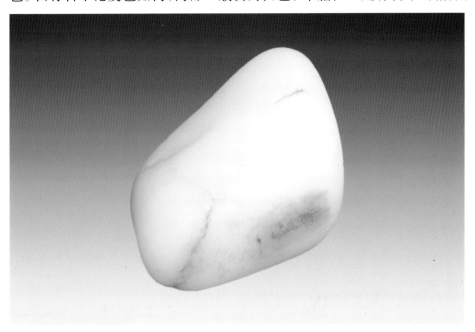

▷ 这是一块品级较高的羊脂级和田玉籽料。其密度、结构、润度均可为和田玉中上乘之物。脂白的玉身上那色泽诱人的黄皮更使其增添"魅力"。

细腻、光亮、温润,颜色晶莹洁白,质地密实滋润。羊脂颜色是由内而外泛出油光,微微透出粉红色调或黄色调等偏暗色调,与其他档次的白玉摆放在一起时,能使人感觉其十分白润剔透。当下,这种上品的羊脂白玉已不多见。能见到的或玉色闪青,或有微瑕,或表面不洁净。羊脂白玉必须具备三个条件,一为籽料;二是具有的润度;三是具备良好的细腻油脂度。

②戈壁滩玉的特征

戈壁滩玉最明显的特征就是表皮都凹凸不平。戈壁玉包括了白玉所有的色系,又

▶ 和田玉籽料原石桃花玉,俗称紫罗兰。

以白、青、黄、糖较为多见,也有黑碧色,颜色墨黑。戈壁玉质特点较为紧密、坚硬、细腻,块度大小不一,片状为多。它的皮子一般为柚子皮、橘子皮、鱼子皮等几种。鱼子皮内的玉肉比较细腻,前两种皮切开后里面多会带花。

3.山流水玉的特征

山流水玉经过水流的搬运,在移动跌落的过程中,外部边缘渐渐磨去了棱角,玉质较山料鲜亮,较细腻、紧密,油润度较好。它的透明度与和田籽料相比稍高一些,油脂光泽好,片状居多,绺裂较多。山流水玉如同采玉人与玉工命名那样,一头靠近山料,一头靠近籽料,质地介乎于二者之间,因此山流水玉料的品级是多样的,同为山流水料玉质有可能大相径庭。

4.山料玉的特征

山料玉外形为明显的不规则棱角块状,块度大小不一,质地也有相当大的差异,有的质地粗糙,颗粒极明显或带石性;也有的结构细密,油润度很

好;还有的玉石与岩石混杂。与和田籽料相比较,山料质地多数较粗,阴阳面十分明显,内部结构显示的玉性较明确。

总之,玩家对和田玉在化学、物理方面的特征及因产状不同而具有各自不同的特征,应有较为清晰的了解与认识,从而在玩赏和田玉中品味、观赏、把玩至更高的层次。有的行家亦总结了日常辨识和田玉的方式,简述如下:

从外观辨识和田玉应从三个方面加以注意,和田白玉肉眼可以看到细密的小云片状、云雾状结构的玉花,这是和田白玉特有的结构特征;另外,和田玉的光泽很温润,不是那种很强的玻璃光泽,也就是说和田白玉的表面对光线的反射不是很强,这是由于和田玉的表面有非常细小的凹凸,类似毛玻璃,也称"牛毛孔",用10—20倍放大镜就可清晰看到;再有,对一些成品件,也可用放大镜观察,手工打磨遗留下来的顺着某一方向的纹路,注意观察阴刻线,由于和田玉的韧性很强,雕刻时不容易起崩,阴刻线两侧不容易起崩口。综合上述三方面观察判断,还是能够辨别真伪的。

小贴士

《和田玉国家标准》

为规范和统一和田玉的定义、分类、名称、鉴定方法、鉴定特征及质量等级,作为 GB/T16553—1996《珠宝玉石鉴定》和 GB/T16552—1996《珠宝玉石名称》国家标准的补充,特制定本标准。

1.范围

本标准规定了和田玉的定义、分类、鉴定方法、鉴定特征及质量等级。

本标准适用于和田玉的鉴定贸易及市场规范。

2.引用标准

下列标准所包含的条文,通过在本标准中引用而成为本标准的条文。本标准出版时,所示版本均为有效,所有标准都会被修订,使用本标准的各方应探讨使用。

下列标准最新版本的可能性。GB/T16552—1996 珠宝玉石名称 GB/T16553—1996 珠宝玉石鉴定。

3.定义

和田玉系指产于新疆境内昆仑山——阿尔金山一带的成因特殊以微晶——隐晶透闪石为主的玉石。

4.分类

4.1 按地质产出状况分类。

(1)山玉:产于原地的原生矿。

(2)山流水:搬运了一定距离,具有一定磨圆度,呈次棱角状。

(3)子玉:搬运到河床中下游或冲洪积扇中,磨圆度较高,呈滚圆状,滚圆状表面光滑。

4.2 按颜色分类

分为羊脂玉、白玉、青白玉、青玉、碧玉、黄玉、墨玉七大类。

5.鉴定方法

和田玉鉴定方法按 GB/T16553 的第四章规定进行。

和田玉的主要感观鉴定特征,在自然光下按颜色、光泽、手感、水头、声音、质地进行鉴定。

6.鉴定特征

(1)英文名称:Hotan Jade。

(2)矿物成分:以透闪石为主。

(3)化学成分:$Ca_2Mg_5[Si_8O_{22}(OH)_2]$。

(4)结晶状态:微晶——隐晶集合体。

(5)材料性质。

(a)从常见颜色:白、青、墨、黄四色,这些颜色当中有若干过渡色,此外还次生糖色、皮色

(b)光泽:油脂光泽至蜡状光泽

(c)摩氏硬度:6—7

(d)密度:2.98$(+0.15, -0.05)$g/cm³

(e)光性特征:非均质集合体

(f)多色性:无

(g)折射率:Np=1.600—1.614,Nm=1.613—1.630,Ng=1.625—1.641

(h)双折射率:不可测

(i)紫外荧光:常见无,偶见中等白(长波)

(j)吸收光谱:无特征,偶见碧玉青玉有吸收谱

(k)放大检查:主要为毛毡状,其次为针柱状和纤维状。颗粒非常细小,短轴方向一般在0.01mm以下

(l)特殊光学效应:未见

(m)手感:较沉重,光滑滋润

(n)水头:因玉质厚度不同而有所区别,总体呈微透明——半透明状

(o)声音:和田玉器碰撞声音清脆悦耳悠长,子玉玉器尤甚

(6)重要鉴定项目:颜色、密度、折射率、手感、水头、声音。

7.质量等级

颜色好坏原材料及块度的大小是划分和田玉质量等级的重要依据。

(1)按颜色好坏可分为三个等级。上等:羊脂玉、白玉、黄玉;中等:青白玉、碧玉、墨玉;下等:青玉(总体要求颜色要纯正稀罕。如黄若秋梨,墨如纯漆皆可称为上品)。

(2)按原料质地特征可分五个等级,见表:

等级	质地
特级	油脂光泽,很柔和,滋润感很强,致密纯净,无杂质,无瓷性。
一级	油脂光泽,柔和,滋润感很强,致密纯净无杂质,无瓷性。
二级	油脂或蜡状光泽,滋润感较强,较致密纯净,少杂色。
三级	油脂或蜡状光泽,滋润感较强,不纯净,有杂色。
四级	油脂或蜡状光泽,无滋润感,不纯净,多杂色或瓷性大。

▷ 摆件,如意观音。用一块玉质密实,外包皮色的籽料,于中间无皮色之处深雕精琢而成,形成端庄肃穆的效果。业内人士称之为金包银、寓意金玉满堂。

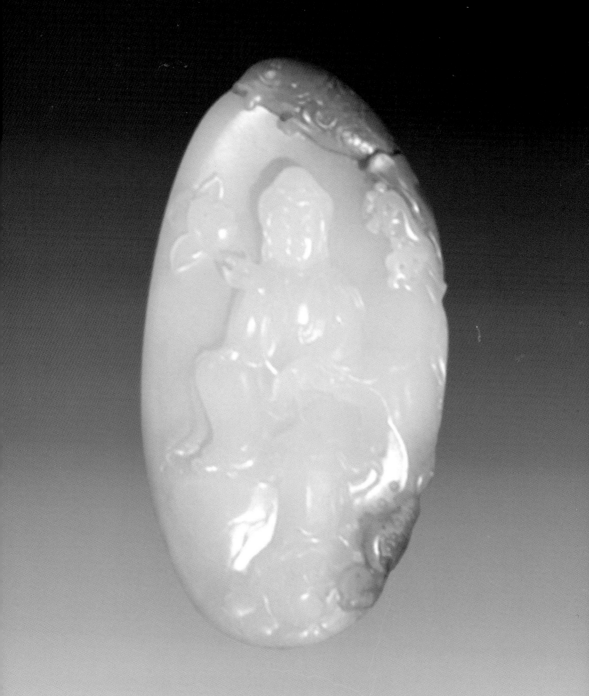

▷ 挂件，执荷观音。籽料右侧上下的枣红皮，被雕刻师巧工为荷花与鲤鱼，观音手执荷花神态自然，莲花台上鲤鱼跳跃。

▷ 和田玉籽料。此玉皮色天然形成一幅"老子出关图"，所见这面清晰可见老子倒骑牛出关而去；此玉背面亦是一幅天然图案，状似一条腾飞的龙。真可谓是大自然"鬼斧神工"之作。玉石油润，是天然之"玩料"。

回廊移得瑤臺近 香泛酒面碧玉衣
宴罷曛時附薪臺上兮可
恨同逢不識人

▷ 和田玉雕中阴刻技法。

和田玉与其他玉的区别

一、与俄罗斯玉的区别

俄罗斯玉与新疆和田玉的产地同处于相同的地质背景，俄罗斯玉的物理特性与和田玉山料基本相同。两者的差异主要表现在如下几个方面：首先是质地上的不同。和田白玉山料质地相对细腻，油润感强，打光观察可见云絮状纹理呈长条状、长丝状。俄罗斯玉质地细腻程度不够，油性较差；打光观察可见饭粒状，光泽也显瓷性。其次是糖皮表现不同。和田白玉山料多无糖皮，俄罗斯白玉中有相当部分有糖皮，但又与和田玉山料中的糖皮不同，其糖皮多数较厚、颜色深；再有就是颜色上的不同。许多业内行家能够从颜色上区别和田白玉山料与俄罗斯白玉。俄罗斯白玉颜色白中透红，而和田白玉山料是白中泛青，但这不是普遍情况，也不可以偏概全。

前面章节对和田玉的特征、特点有所叙述，这里对俄罗斯玉的特征做些介绍，这也是玩家应该了解的。

俄罗斯玉结构中充满明显的团状云絮状纹理，结构

▶ 和田玉籽料。枣红皮色鲜艳，此籽料玉质羊脂，莹润细腻。

松，密度相对小些。云絮状纹理中夹杂"冰点"（饭粒）、蟹爪纹；其色调偏冷，颜色僵白，大都油性差。其白色看上去似蜡状油脂光泽。硬度与和田白玉一样，故不能用硬度来辨其真伪。与和田玉相比，其质粗涩，性粳，脆性高，透明度强；特别是将两者放在一起加以对比，一个糯，一个粳；一个白得滋润，一个则是"死白"，其高下差别显而易见。若轻轻敲击，一个声音清脆，一个沉闷，也不难分辨。另外，由于晶体结构不同，俄罗斯玉磨雕时易起性，易崩裂，打磨面呈充满平板凹陷的麻皮坑，业内称为俄罗斯玉打磨面；和田玉磨雕时不易崩裂，凡籽玉打磨出来的表面润泽干净，称为和田玉打磨面。

俄罗斯玉中的糖皮与和田玉中存在的糖皮也有诸多不同，俄玉的"糖"是受到沿着解理缝或裂缝含铁物质的氧化铁浸染而成，而且比较厚，部分糖皮表现为许多黑褐色的斑点，融入乳白色、棕褐色中而形成薄层外包裹体，也有的渗透到里层，形成不规则的"糖色玉"、"玉夹糖"（业内称此为"串糖"）现象。而和田玉中不论籽料、山流水料暴露地表受氧化铁浸染形成的糖色

▶ 这块和田玉籽料，黄、黑色泽显著，与玉身的白色形成三色。此玉油色、密度俱佳。

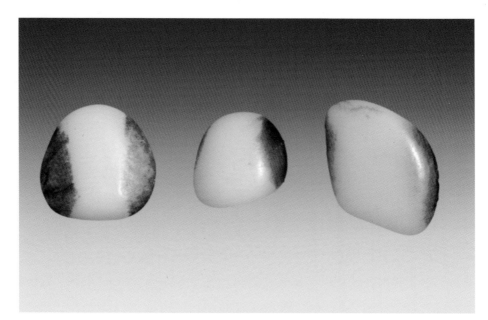

▶ 左面和田玉籽料,玉肉为羊脂级,皮色为"秋梨皮"。此料两侧秋梨皮形似两条河豚,玉肉与皮色似用直尺划出,极为规整且形成双面"双胞胎"皮,煞是好看。中间的籽料肉色为羊脂级,细腻油润,皮色为黑色"双胞胎"皮。右面也是一块"双胞胎"皮和田籽料。皮色中含多种色彩,黄、红、黑均有。这块玉的白度略逊于前两块,但仍不失为"双胞胎"皮中的精品。

多在玉表皮。俄罗斯玉中糖皮较厚,糖色浓重,皮色之间有过渡渐变现象,有些糖色看上去甚至有一种"假"的感觉;而和田玉中的糖皮较薄,颜色浓淡不一,皮与肉之间界限清楚,给人以自然真实的感觉。故而,俏色作品中,和田玉的作品更富有艺术感染力,而俄玉俏色则总有些拖泥带水的感觉。

二、与青海玉的区别

青海玉也属软玉。因市场价格比较低,常常用来冒充和田玉。但是青海玉与和田玉还是有一些较为明显的区别的,青海玉一般呈灰白色、蜡白色,半透明状,透明度明显超过和田玉,质地也比和田玉稍粗,比重较和田玉略低,质感不如和田玉细腻,缺乏羊脂玉般的凝重感,青海玉中多有程度不同的透明水线。

与和田玉相比,青海玉的颜色稍显不正,不明快,常有偏灰、偏绿、偏黄色。纯白色的青海玉料多会呈现"灵白"，缺乏和田玉润白的感觉。另外，青海玉中多有黑白、黑黄、绿白、绿黄相杂的玉料而用做巧色。

总之，青海玉水分重，透明度高，油性差，细小松散的点状云絮状结构是其典型特征。玉质里面经常可看见有比两侧玉组织更为透明的玉筋，即水线。青海玉盘玩一段时间后，其白颜色会发灰、发暗。上机器磨雕时脆性大，易崩裂，成品有毛玻璃的感觉。

另外，青海玉中没有籽料。

三、与岫玉的区别

岫玉产于辽宁省岫岩县，属蛇纹石质玉石，其质地、色泽、硬度、密度均与和田玉不同。其开采量很大，因量多而贱，故市场价格较便宜。岫玉颜色多种多样，白色岫玉并不是很多，白颜色也不纯正，且玉中有棉絮状。河磨玉是岫玉中质优者，其质地细腻而坚硬，有一定的透明度，呈玻璃光泽至油脂光泽，所以有人常常用它"做旧"来冒充老的和田玉。河磨玉颜色有青玉、青白玉和白玉，其温润程度不及和田玉，有些"乌涂""不爽透"之感，比较容

▶ 羊脂级的和田玉籽料，玉质洁白，细腻，莹润，玉体平滑，其天然沁色"乌鸦皮"极其优美。皮色边缘那如同不断跳动的火焰及玉石右上部那一抹黑皮，留给雕工技师怎样的遐想与构思？

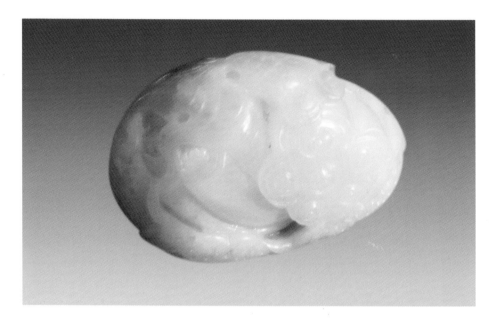

易辨别。总体而言，由于岫玉硬度不高，即便是岫玉中硬度高的河磨玉，也就5.36—6.46，其玉性软，易吃刀，鉴别的最好办法是用普通小刀刻几下，吃刀者即为岫玉，纹丝不动者为和田玉。也可仔细观察雕刻的受刀处，和田玉受刀处不会起毛，而岫玉则起毛。此外，岫玉的手感较轻，敲击时声音沉闷发哑，不像和田玉那样清脆。岫玉易断裂，边缘常有崩茬。

四、与西峡玉的区别

西峡玉产自河南省西峡县，是一种蚀变超基性岩，主要矿产成分为蛇纹石占80%—95%，其次为磁铁矿、透闪石、阳起石及少量方解石。质地细腻、致密坚硬，硬度5—6，呈微透明至半透明，乳白色，油脂光泽或玻璃光泽，密度2.7左右，块度大，裂纹少，玉石外有黄色、褐色、红色的石皮。

在网上和一些古玩市场，西峡玉常用来冒充和田玉，具有很大的欺骗性。一般说来，西峡玉较为细腻，但无玉花，有时可见块状、团状棉絮。而和田玉肉眼可看到细密的小云片状、云雾状结构的玉花。白色的西峡玉呈些许发灰的苍白色，夹杂的其他颜色较为鲜艳。其黄皮料石常用来冒充和田籽料,皮色显得很嫩很均匀。透光观测时,西峡玉显得很沉闷,透光性较差;而和田玉透光观测时,感觉较明亮,但又不是很透明,这是由于和田玉的内部结构比较特殊,光线在玉内发生了漫射。西峡玉的硬度较和田玉低些,故虽能刻划玻璃,但其表面有时会留下伤痕,而和田玉则绝无此情况。西峡玉表面虽很细腻,但用10倍以上放大镜观察,可见其表面有细小凹陷的麻点,而和田玉则是既有凹陷也有凸起,还可看到手工打磨遗留下来的顺着某一方向的纹路,而这一现象西峡玉是没有的。

五、与石英岩类玉石的区别

石英质玉石色白,质地较细、外观很像白玉,石英岩类的玉石硬度比和田白玉高,因此玻璃光泽很强,这是非常明显的辨别特点。

东陵玉:这种属石英岩类的玉石,颜色很多,绿色常用来冒充翡翠,白色常用来冒充和田玉。产地较多,新疆也产东陵玉,为白色,属石英岩、粒状结构,光泽较强,比重略轻。

水石:主要成分是石英岩,硬度较高、脆性强、易断裂,内部结构为颗粒状。颜色呈苍白,看上去较干涩。

六、与方解石类玉石的区别

方解石质(碳酸盐类)玉石外观近似白玉,其实就是大理石。如市场上有一种所谓的"阿富汗白玉"就是由方解石形成的一种大理石,只不过色很白、半透明。其结晶颗粒细小而均匀,抛光后再上油显得细腻而润泽,肉眼看不到玉花,经常用来冒充上等和田白玉或羊脂玉。辨别的方法很简单,由于其硬度很低,只要用手指甲使劲刮,若能刮下一点儿白色的皮,就足以证明其为假冒白玉。加之其密度小,拿在手中掂量,有"发飘"的感觉。

汉白玉是我国一种著名的纯白色大理石,因其颜色洁白,质地细致均匀,透光性较好,历来为玉雕材料和建筑装饰。呈蜡状光泽,内部结构为水线状、条纹状,结晶颗粒较粗,肉眼都能区分出结晶颗粒之间的细小接缝。略加用心即可辨别。

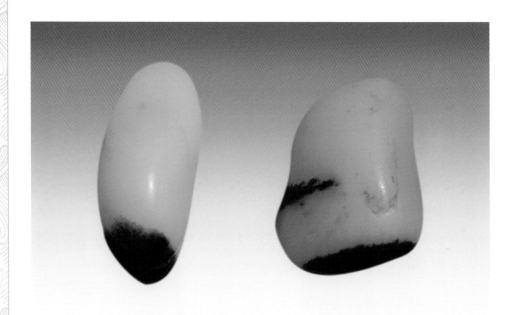

▶ 一对极具特色、黑白分明的和田籽料,形状及皮色位置、颜色会使雕工技师生发出多种巧妙的构思。这两块玉的白度略差些。

▶ 此和田玉籽料,从左图所示一面,其玉身之上被"洒金皮"所覆,过渡成枣红皮,其下玉石密实凝脂,另面(右图)一条较为规整的枣红色皮边缘线,"洒金皮"可谓"泾渭分明";这是一块难得一见的精品原石,以其天然之态作为把件玩赏,有赏心悦目、怡然自得之快意!

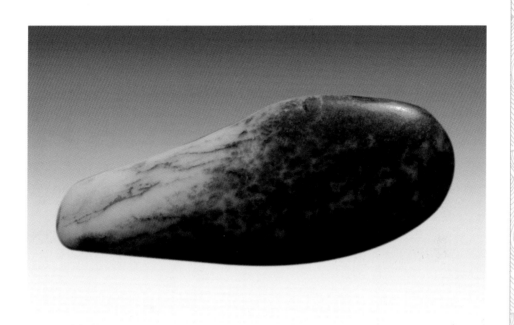

▶ 这是一块形如鹰羽,玉如鸡骨白色的和田籽料。其形状以及玉中白色带黄、黑皮色是能够激发玉雕技师创作欲望与创作灵感的和田玉籽料原石。

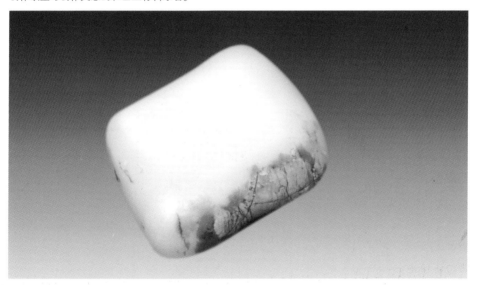

▶ 这是一块天然形成的和田玉原料。不饰雕琢即是完美舒适的手把件。此玉属羊脂级白玉籽料,油脂光泽、细腻柔和、玉质密度高,滋润凝脂。形状自然规整,整块籽料厚度适中、均匀,乃自然天成之把件珍品。右侧立面黄,红色皮并"玫瑰紫"皮,更使料平添了"巧夺天工"的感觉。

玩家必知

和田玉假皮色的辨别

玩家在鉴别皮色之前,应该首先看料子对不对,再看皮色对不对,同时对皮色出现的位置判断对不对,因为皮色只会出现在肉质最不紧密的地方,有沁或有纹的地方易出现,否则就应存有疑问了。

1.磨光料加假皮色

所加皮色大多为橘红色,这些料子因是磨光,故没有和田玉籽料特有的"汗毛孔",皮色色彩也过于艳丽,不自然。这种假料假皮一般玩家均可以分辨出来。

2.低档籽料加假皮色

买家会因"汗毛孔"而分辨出是否籽料,从而被艳丽皮色所吸引。这类皮色浮于表面,虽然有些会做出较自然的洒金皮或枣红皮等,但可以根据沁色的位置和色差的外延过渡色来进行辨别。

3.用山料滚磨成籽料加假皮色

做这类假皮的料件一般都很大,有时甚至是肉质较好的山料,重量大多在一公斤上下,在这种料上做假皮,是引诱买家将注意力转移到皮色上,从而疏忽了对料子真假的辨别。这种假籽料多由山料、山流水经切割、雕琢、滚磨、上皮、抛光仿成籽料的样子,有些几可乱真。若能先将料子辨别清楚,皮色的真假则无须费神了。

4.籽料有真皮再加假皮色

一些质地很好的籽料真皮上,由于本身皮色面小,色弱等情况,在自然皮上加色,以达到皮色厚、面大、色艳,进而获取更高价格的商业目的;有的是在真皮旁处加皮色,形成玉上皮色有深有浅、层次分明、有真有假、极难分辨。(见61页图片)

5.用矿物质做物理假皮色

这种做假方式确实有些技术含量,故多用在高档籽料上。做假者将生成籽料皮色的天然矿物质进行配制,并使其生成皮色在短时间内即可完成,且随心所欲制成各种皮色和沁色。如果前几种做假皮色还可以用84洗涤液刷洗辨别,但对此种做假方式形成的皮子则有些徒劳。

实际上"真皮无色",这是因为真皮的色是从玉里透出来的,不论什么颜色的真皮,雕琢时琢下来的粉末都是白色的。而假皮色则浮于玉石表面,色凝凹处,磨下的粉末是有颜色的,所以,真皮假皮,玉工是最为清楚的。

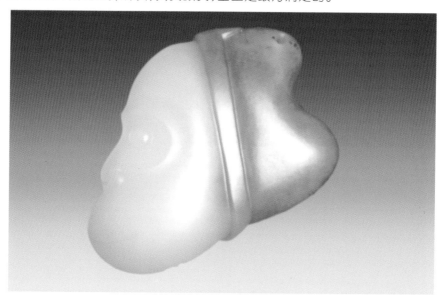

▷ 挂件。巧雕为悟空形象。

▷ 挂件。福寿。

和田玉的质量评价

▶ 两块皮色接近的籽料，莹润腻脂是其共同特点。左面一块整体皮色微微泛黄，间有红色；右面一块，具有秋梨皮的特征，其玉质较左面那块略高。

　　对和田玉（软玉）的质量评价历来人们都很重视，评价的主要依据是颜色、质地、裂隙、光泽、净度、块度（重量）、工艺质量、产生状态等。

　　一、颜色

　　颜色是影响和田玉质量评价最重要的因素。在各类颜色中，以羊脂白玉最为珍贵，到目前为止，能够达到羊脂白的仅见于和田籽玉中，其他产地的软玉尚未见到达到羊脂白的。此外，纯正的黄色、黑色也为上品。明代周履靖《夷门广牍》中说："于阗玉有五色，白玉其色如酥者最贵，冷色、油色及重花者皆次之；黄色如栗者为贵，谓之甘黄玉，焦黄色次之；碧玉其色青如蓝，靛者为贵，或有细墨星者，色淡者次之；墨玉其色如漆，又谓之墨玉；赤玉如鸡冠,人间少见;绿玉系绿色,中有饭糁者尤佳;甘清玉色淡青而带黄;菜玉非青非绿如菜叶色最低。"这些色彩与中国古代五行学说中的青赤黄白黑相吻合,使得和田玉更显神秘与尊贵。

二、质地

质地的好坏是评价和田玉质量的重要因素,质地细腻、温润是玉必须具备的基本条件。上好的和田玉,目视之软软的,手抚之温润的,质地是坚硬的。这里,"温润"的"温"是指玉对冷热所表现的惰性,冬天摸上去不冰手,夏天摸上去不感热,同时还有一层意思,即色感悦目;"润"是指玉的油润度,玉油可滴。在行内对玉的质地多以坑、形、皮、性来判断。

坑是指玉的具体产地。和田玉虽产自新疆,但因具体产地(坑口)不同,玉的质量也不同,外表特征也不一样。著名的坑口有戚家坑(所产玉色白而质润)、杨家坑(所产玉外带栗皮,内色白而质润)、富家坑等。

形是指玉的外形。由于和田玉有不同的产状、类型,所产出玉的外形也不同。山流水料、戈壁滩料、籽料受风吹、日晒、水浸,玉质较纯净,多是好玉。尤其是籽料中的羊脂籽玉的润美,其他玉种不可比。

皮是指玉的外表特征。玉本无皮,外皮指玉的表面,它能反映出玉的内在质量。好质量的和田白玉应是皮如玉,即皮好内部玉质就好,皮不好里面的玉也难有好玉。

性是指玉的内部结构。即组成玉的微小矿物晶体的颗粒大小、晶体形态的排列组合方式,表现为不同的性质,称为"性"。越是好玉越没有性的表现,玉性实际上是玉的缺点,好的籽玉无性的表现。

三、光泽

"润泽以温"是和田玉(软玉)质量好坏的重要体现。

四、裂隙

裂隙的存在对和田玉的耐光性有着很大的影响,有裂隙的玉其价值也会大大降低,对优质的和田玉更是如此。

五、净度

与其他的玉石一样,质量上乘的和田玉要求纯净无瑕,无裂纹。但纯粹完美无瑕是十分罕见的。一般是净度越高,价值越高。就一块玉石而言,玉质的分布也是不均匀的,行内通常称玉质好的部分为阳面,玉质差的部分为阴面。玉石的这种阴阳面之分,实际上反映了玉石在形成过程中围岩对它的影响,这种现象在山料和山流水料中较为明显,在籽料中则不明显。因此在评价玉的净度时应该注意这一特点。

六、块度(重量)

一般情况下,在颜色、质地、裂隙、净度等相同的条件下,块度越大,价值也就越高。虽说和田玉不是以重量块度为确定其价值的主要标志,但在同等质量条件下,重量还是具有一定影响力的。这一点在和田白玉的质量等级中也体现出来。

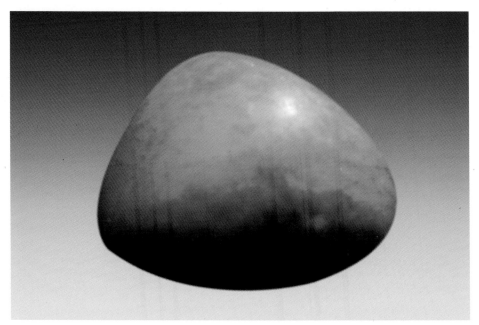

▶此原石籽料为枣红皮与秋梨皮的过渡色彩,皮色均匀,过渡自然,虽皮色裹实全玉,但皮色之下,玉肉质地密实清晰可见,细腻莹润,油脂度高,玉石形态完整无瑕疵。此料是能够引起业内行家兴致及巧工技师创作欲望的原石。

七、工艺质量

如若不是喜欢原石作为玩料,其大多会用来制作玉雕作品,其工艺质量就显得尤为重要。工艺师要善于利用俏色,巧妙构思,施以娴熟技艺以提高玉石制品的经济价值。

八、产出状态

对于原料原石,市场上销售的有籽料、山流水、戈壁料、山料四种。质量以籽料为佳,依次为山流水、戈壁料、山料。

总之,对和田玉的质量评价总的要求是,质地细腻、细润无瑕;颜色纯正、无杂质;光泽油脂;有一定的块度。以这些方面综合进行评价。

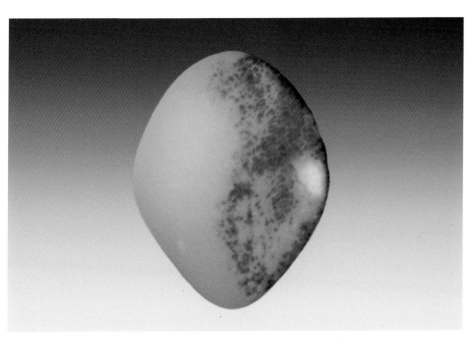

▷ 此块原石籽料,皮色天然形成一只鹌鹑。形状亦为天然"玩料"。这种"形""意"俱佳的原石,是收藏"玩料"藏家的最爱与首选。

和田玉工艺分类等级标准

此工艺分类等级标准是新疆工艺美术工业公司所提出,附录仅供玩家参考。

白籽玉

特级	羊脂白玉,质地细腻、滋润,无绺,无杂质,块重在 6 公斤以上。
一级	色洁白,质地细腻、滋润,无碎绺,无杂质,块重在 3 公斤以上。
二级	色白,质地较细腻、滋润、无碎绺,无杂质,块重在 1 公斤以上。
三级	较白,质地较细腻,滋润,稍有碎绺,无杂质,块重在 3 公斤以上。
等外	凡颜色、质地、块度未达到以上标准的。

白玉青白玉山料

特级	色洁白或粉青,质地细腻,滋润,无绺,无杂质,块度在 10 公斤以上。
一级	色白或粉青,质地细腻、滋润,无碎绺,无杂质,块度在 5 公斤以上。
二级	色青白或泛白,质地细腻、滋润,无碎绺,无杂质,块度在 5 公斤以上。
三级	色青白或泛白,质地细腻、滋润,稍有绺,无杂质,块度在 5 公斤以上。
等外	色白或青白,有绺,有杂质,块度在 3 公斤以上。

青玉子或山料

一级	色泽青绿,质地细腻,无绺无杂质,块度在 10 公斤以上。
二级	色青,质地细腻,无绺,无杂质,块度在 5 公斤以上。
三级	青,质地细腻,稍有绺,有杂质,块度在 5 公斤以上。

▶ 这是一块玉石表面布满枣红皮的和田玉籽料原石。

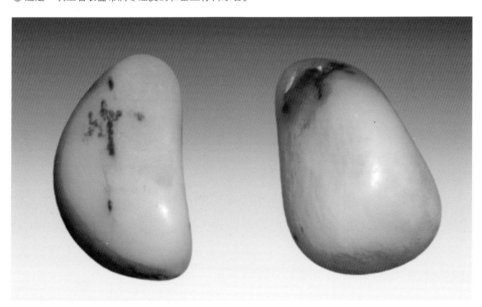

▶ 这是两块颜色相似，形状相近，一对双胞胎似的黄金皮色和田玉籽料。密度、油脂度极佳。形如水滴，两块玉石的小头处均有点滴红皮或黑皮，更具创作遐想空间。此两块均可以原石作为收藏，亦可不饰雕琢而以其自然形态作为挂件。

和田玉的皮色

▶ 这是一块和田玉籽料中白度极高的"羊脂白玉"。其一半洁白无瑕,另一半上覆红皮,色彩极其鲜艳,紫罗兰皮色又散布红皮之间,似有变幻之感。盈握于手,把玩之间,怡然自得,别是一番享受。原石收藏或艺术创造均有广阔市场空间,此玉可谓上品。

　　和田白玉(其他白玉亦如此)除新开采的山料以外,一般都有玉皮。古人将未琢之玉或皮下蕴藏有玉之石称为璞。今人亦有将其在和田玉分类中按颜色单列为"璞皮玉"、"璞玉"。《韩非子·和氏》中:"王乃使玉人理其璞,而得宝焉。"这是指蕴玉(和氏璧)之石;《孟子·梁惠王下》:"今有璞玉于此,虽万镒,必使玉人雕琢之。"这是指未琢之玉。明代宋应星《天工开物》中有这样的记载:"凡璞藏玉,其价无几。璞中之玉,有纵横尺于无瑕玷者,古帝王取以为玺,所谓连城之璧,也不易得。起纵横五六寸无瑕者,治以为杯,此已当之重宝也。"从中可见自古以来，从帝王那里对璞玉就极为珍视，视为宝物。上世纪初，奉孙中山之命，以大元帅府财政部特派员身份前往新疆考察的革命党人谢彬，在其30余万字的《新疆游记》中也写到，当地和田玉"有皮者价尤高，皮有洒金、秋梨、鸡血等名，盖玉之带璞者，一物往往数百金，采玉不曰得玉，而曰得宝。"更可见璞玉即使在现代仍是很贵重的。

璞皮虽包裹不同的玉种，但按其成分和产状等特征，可分为色皮、糖皮、石皮三类。

一、色皮：和田玉外表分布的一层褐红色或褐黄色玉皮，业内习惯上将其称为皮色籽玉。玉皮有各种颜色，业界以各种颜色而命名，从皮色上可以看出籽玉的

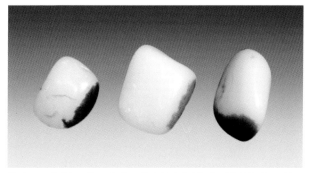

▷ 和田玉籽料。三块玉的共同特点是皮色厚，典型的枣红皮，三块玉质细腻，莹润，达到羊脂级。

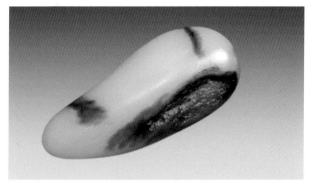

▷ 此料属青白玉。玉色白中泛出淡淡的青绿色，沁染上黄、红、黑三色使整块玉似有灵动之感。质地细腻、油润、有光泽，显得厚实，凝重。

▷ 此和田玉籽料，业中称为"红玉"，是氧化铁渗入而形成这种浓色皮壳，亦称"红皮玉"，较为罕见。此种玉一般块度都不是很大。

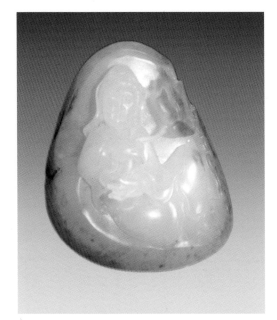

▶ 挂件。观音。

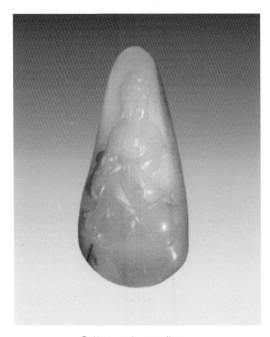

▶ 挂件，观音。和田黄玉。

质量，如黑皮子、鹿皮子等，大多为上等的白玉籽料。同样质量的籽玉，如带有洒金、秋梨的皮色，则价值更高。玉皮的厚度一般小于1毫米。色皮的形态有多种多样，有呈云朵状，有呈脉状，有呈散点状。色皮的形成，是由于和田玉中的铁在氧化条件下转变为三氧化二铁所致，所以它是次生的。带皮色的籽料，即使不加任何雕饰，也被爱玉玩家列为首选。诚然，这带皮色的籽料价格也远比不带皮的籽料高出许多。自然灿烂的皮色，是和田籽料独有的特征，也是真货的标志。而利用皮色制作"俏色""巧色"玉器，自然成趣，更见琢玉艺人的匠心独运，业内称为"得宝"。

和田玉籽料原生皮色的特征大体分如下几种：

1. 全包裹、微透明

浑圆的籽料，皮色呈全包裹。巧雕、人工开门和分割成小块的不属此种。呈微透明，滋润明亮，有油脂光泽，手捂或手握一二分钟，即可见其似有"出汗"现象。

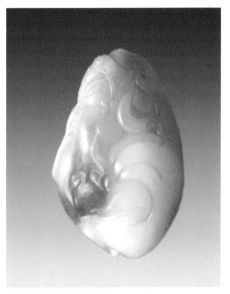

2.颜色自然

籽料在河床中经历数千万年的冲刷磨砺,其间受到其他矿物质的滋润渗透,天然受沁,在玉身质地松软处沁色,在有裂隙处深入肌理,前者皮的颜色是由深变浅;后者皮的颜色则是由浅而深。这种皮色形成自然、耐看,其色泽有种人与物相通的亲近感与亲和力。

3.皮色有层次感,皮肉间呈过渡状

由于籽料的皮色是在厚砾石表面慢慢形成的,是风化和水解的作用以及大、小气候环境循环、制约等因素,分阶段、不同期,所以颜色沁入玉内有层次感,玉皮与玉肉所受到的影响是一致的,故呈渐变过渡状。

上述几种和田玉籽料原生皮色的特征,不仅仅是对和田玉皮色形成的知识性了解,作为和田玉选择、辨识的参考,更应是爱玉玩家欣赏把玩和田玉器玉石之时,玩赏品味的内容所在。

二、糖皮:指和田玉山料外表分布的一层黄褐色玉皮,因颜色似红糖,故把有此色皮玉石称之为糖玉。糖玉的内部为白玉或青玉,又称为糖白玉和糖青玉。糖皮的厚度均较大,从几厘米到二三十厘米,常将白玉或青玉包

围起来,呈过渡关系。糖皮实际上也是氧化作用的产物,系和田玉形成后,由残余岩浆沿和田玉矿体裂隙渗透,使铁元素转化为三氧化二铁的结果。因是由玉的外层浸染向内过渡,故颜色越往里越浅,呈现出渐变的颜色。

三、石皮:指和田玉山料外表包围的围岩。围岩一种是透闪石化白云大理石岩,在开采时同玉一起开采出来,附于玉的表面,这种石包玉的石与玉界限清楚,可以分离。当它经流水或冰川的长期冲刷和搬运后,石与玉则分离。围岩另一种是透闪石岩,如果和田玉在形成过程中因粗晶状的透闪石的因素,在玉的表面常附有这种粗晶状透闪石,这种石皮与玉的界限,业内称为玉的阴阳面,阴面就是指玉外表的这种石皮,必须将此石皮切割去除才可判断玉质的好坏。

和田玉的颜色可分为两大类,一是原生色,即玉的本色。分为白、黄、青、碧、墨等,前面章节已做叙述。再就是次生色,次生色又分为天然次生色与人为次生色。人为次生色即指玉制成玉器后,由人佩戴、盘摩、染色、随葬、出土,再为人佩戴、把玩而造成的颜色改变,此类不细述。

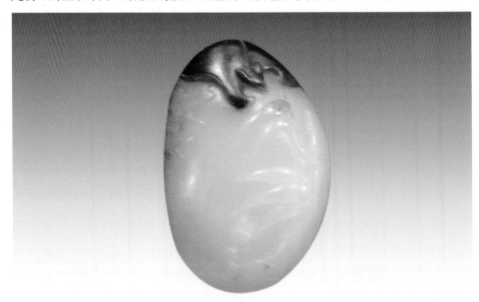

▷ 把件,貔貅。

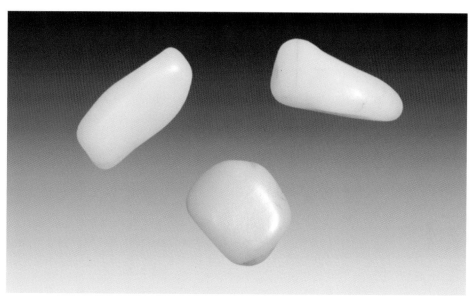

▶ 这三块白籽料,可谓典型和田白玉籽料,洁白无瑕,细腻,滋润。

　　天然次生色是指玉形成后,在漫长的地质年代,玉与岩石、土壤、地下水发生接触,通过渗透、浸泡、淋滤的作用,一些矿物质进入其中,使玉中的一些矿物成分也发生变化,从而改变了玉石原有的颜色。同样,山料冲到下游,在漫长的时间更替与空间移动变成籽料之后,因为经历的外界环境不同,时间长短不同,"旅行"路线不同,次生物质渗入不同,玉的表面风化转色和玉质本身色泽变化也就不同,这样就有了各种籽料不同的皮色与沁色。玉的这种颜色改变完全是自然生成,所以称之为天然次生色。

　　玉的次生颜色作用在玉表皮上面叫皮色,作用在玉裂隙上的颜色叫沁色。虽然二者生成的原因基本一样,但皮色能作为判断和田玉籽料的依据,而沁色只能作为判断和田玉籽料的参考。

　　和田玉籽料的表皮非常光滑、质地密实,铁及其他金属元素难以在短期内黏附其上并沁入而形成皮色;而和田白玉山流水料、戈壁料或籽料裂隙处的质地相对较松,铁质等杂质较容易进入而形成沁色。所以和田白玉中的沁色通常比皮色的颜色要深些,这也就证明了和田白玉皮色的形成较沁色的形成时间更久长。

有些和田玉山料同样也有沁色出现，是因为冰雪雨水把周围的土石中的铁杂质带入山料裂隙中，从而形成沁色。山料沁色的现象在和田玉中较少见，而在俄罗斯玉山料中则较多见。

玩家必知

人造和田玉籽料的辨识

由于和田玉籽料玉质上乘，形状各异，皮色诱人，加之市场需求量很大，行情最好，价格飚升，使其成为作假者的首选。所谓"人造籽料"是指青海料、俄料、白岫玉料及韩国料等其他相似玉石，甚至非玉石类大理岩等的下脚料小块，放在滚筒机中滚磨至卵状，也有造假者将大块山料开成小料磨光至卵形，形似籽料。为了掩盖这种材料在玉质上的缺陷，又在这些貌似籽料上做上假皮，以混淆真假。但假的毕竟是假的，总是有让人识破的地方，玩家可以从玉石的毛孔、皮色、颜色、棱线、触摸、嗅闻、硬度等多方面仔细察看、感觉、辨识。

察"毛孔"：有无"毛孔"或"汗毛孔"，是鉴别真假籽料的第一招。真正的和田玉籽料，无论多么细腻，玉表面都有无数细细密密的小孔，极似人体皮肤的汗毛孔，其他任何白玉均无此种现象，这是和田玉籽料非常独特的地方，用10倍放大镜观察，可以清楚地看到这些"毛孔"。这是天然籽料在长期经久的地质岁月中，经无数次碰撞而在其表面上产生不规则的砂眼麻皮点，这些砂眼麻皮点有小有微，不一而同。滚筒料靠滚磨出来的假籽料，虽可磨成卵状且表面平滑，但永远无法磨出天然籽料外表自然状态下的"毛孔"特质。这是识别假籽料最重要的方式。

认"皮色"：天然籽料在河水河床中，经历千万年的冲刷磨砺，会在质地松软的地方沁入颜色，在有裂隙的地方深入肌理，形成的皮色是很自然的，行内称为"活皮"，颜色浸入玉内有层次感，过渡十分自然，玉皮与玉肉的光泽、质地其感觉是一致的。"皮"上的颜色是由深而浅，裂隙上的颜色（沁）是由浅入深。天然籽料的皮色多种多样，但无一不是色彩自然、渗透自然、融会自然。而假籽料上的假皮色浮于表面，过于鲜艳，无过渡自然的层次感，给人以干涩、不润、僵硬、刺眼的感觉。造假皮的部位都在玉质疏松的地方，用开水冲烫就容易褪色变淡，故将其称为"孔皮"。

辨颜色：这是指辨识玉的颜色。有的造假者用机割的水石冒充和田白玉中的极品羊脂籽玉。但"羊脂"级的玉质是绵羊脂肪般的白色，而水石则是苍白，羊脂白是油脂光泽，水石则较干涩，光泽不好。

看"棱线"："棱线"是做假材料经滚筒滚磨后造成的有规则的痕迹，在10倍放大镜下依稀可辨一道道滚磨过的擦痕。而天然籽料整体浑圆，表面就是一个完整的弧面，没有也不可能看到所谓的"棱线"。而这种数道长短不一的"棱线"，也就是磨光料冒充籽料的"证据"。

手触摸：用手把摩也是辨识、确认真假籽料的方法之一。真籽料浑然天成，把摩之中手感自然、温润，稍微握紧片刻，似乎能够感觉到玉石气孔中有"出汗"现象；而磨光料通过机械摩擦滚动，虽然使玉石表面很光滑，但缺少那种自然的质感和"出汗"现象。

闻气味：磨光料作假上色后，必然在料上留有化学颜料药水的味道。把假皮子的假籽料用鼻子嗅闻，会有一股似无还有的化学气味，有些做假者，为了掩盖这种味道，会在假皮子外边涂抹一些香油，或喷涂些汽车上光蜡等，但这种不应有的气味也恰恰暴露出破绽，欲盖弥彰。

试硬度：和田白玉籽料的硬度可以划玻璃而自身无损。其他冒充和田白玉籽料的玉石，除石英岩类玉石可划玻璃而自身无损外，别的均没有如此硬度，也就没有此能耐了。

总之，综合上述多种方法，仔细观察、察看，鉴别识破假籽料并非难事。

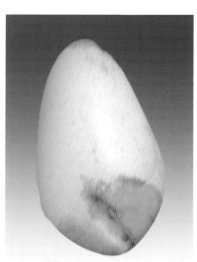

▶ 这就是在真正的和田玉籽料上"二次上色"的原石。在这块玉上，图中下方右斜的那呈现出黑的皮色为天然而成，其周边及左侧、上部的"黄"皮，则为"二次上色"所致。"二次上色"是在原石料上，借助原有皮色（一般大多面积较小），为增加这块原石籽料的市场价值，而进行人工化学着色与原有皮色"浑为一体"。有些经过"二次上色"的原石的确有"大放异彩"之效果，也为不少玩家所接受。但其毕竟是人工着色，在把玩中，"二次上色"部位皮色就会逐渐褪色、脱落，而天然皮色则显得更加油润，色彩也会更加令人喜爱。"真皮"色调自然、浑厚、油润；"假皮"大多色泽艳丽，且色泽缺少层次，没有"过渡""渐变"的层次感，把玩中此"二次上色"处有轻微涩感。这块玉为天然形成的原石籽料，其上"牛毛孔"清晰可见，有自然形成的皮色——黑皮。在"真皮"周边"二次上色"，不是业内行家很难识别，真可谓"二次上色"中的"标本"之作。就此块玉质而言，天然原籽，细滑油腻，也具有一定的收藏价值，形状适合把件。

▶ 挂件。花生,寓意有儿有女。

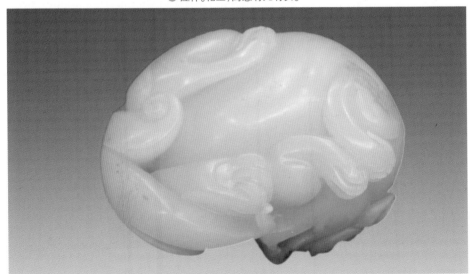

▶ 手把件,貔貅。

▷挂件,双喜临门。

▷手把件,貔貅。

玩赏和田玉

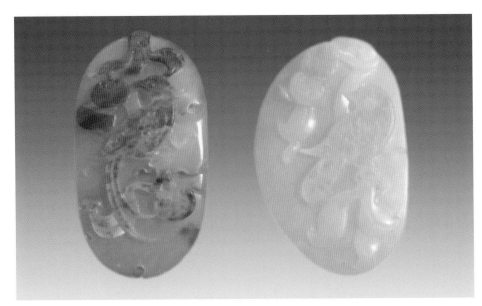

▶ 两块均为挂件，表现同一题材，均为"喜事多多"之意。左侧皮色枣红；右侧洒金，白度比左侧高出一截。两块均莹润滑腻，是挂件中的精品之作。

▶ 两件均为挂件。皮色、玉质均佳，技师雕琢手法简约，线条清晰。不论是寿星(左图)还是瓜果(右图)，均依其原状顺势而为，既保留皮色，展示其玉质，又见技师之巧工。

▶ 64

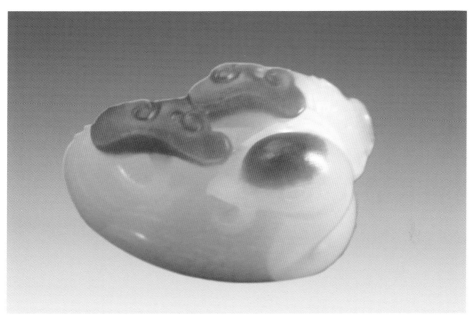

▷ 手把件，"天地红，鹅如意"。玉石有饱满丰厚之感，皮色均匀在籽料中极为少见，令人艳羡。玉质达到羊脂级，形态饱满，盈握之中摩抚把玩，确有赏心悦目之乐！

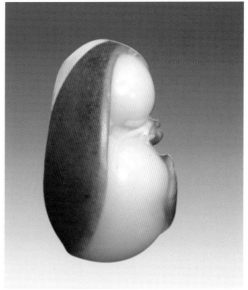

▷ 把件，"世代英武"又名为"大业有成"。技师巧用此籽玉"双胞胎"皮，一侧雕成叶状，另一侧雕为柿子和鹦鹉，红皮白玉，着实招人喜爱，此玉结构密实，油润腻滑。

▶ 挂件,"双骄",背面为牡丹。玉质细腻洁白,洒金皮被技师巧用。

▶ 把件。

▶ 这是在双色和田玉籽料原石上,用简洁线条勾勒雕琢成的挂件,借助皮色巧雕为阴阳八卦双鱼。色彩对比之中形成较大反差。玉籽油脂度高,凝脂腻滑。

▶ 挂件,执莲观音。

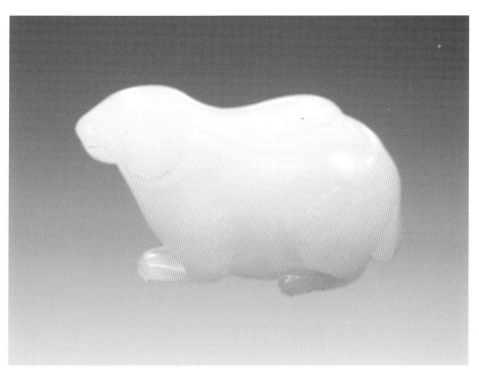

▷ 挂件,兔子。

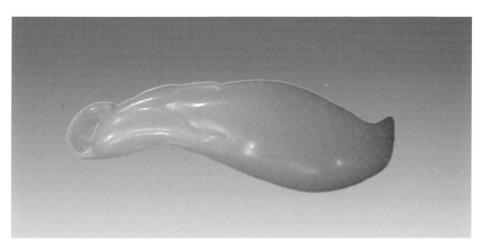

▷ 挂件,瓜果。

和田玉的欣赏

欣赏和田玉,放在首位的是对料质的欣赏。玉料的好坏直接影响欣赏的兴致、心情。玉料的颜色、光泽、质地的差异以及绺裂、杂质都是反映玉石玉器是否具有自然美的重要依据。后文"和田玉的把玩"章节中,详述把玩之中的读质、品形、赏皮、阅肉、思瑕及润泽之美,实际都是对玉石玉器质量的欣赏以及通过这种欣赏获取的愉悦感受,这是玩玉赏玉最为重要的内容。没有一定质量作为基础,其他的如工艺、造型、纹饰等等均无从谈起,也脱离了"玉,石之美者"的范畴。

工艺是将玉料变为玉器的技术条件,是精细还是粗糙,无疑在审美感觉上是截然不同的。凡做工利落流畅、娴熟精细,成果必然是美的或比较美的,反之,呆滞纤弱、拖泥带水则是丑的或比较丑的。

造型是玉器审美的构架,除了和田玉籽料自然天成、形态各异。把件佩件更多的体现除工艺外,其他成品的造型是由其最终所选定的器形决定的,这就要求比例要适当,匀称而不呆板,均衡而又稳定的就是美的作品。如若比例失调必然从视觉上感觉不适,那美

▷ 手串,九粒和田玉籽料大小均匀,各粒上枣红皮色相近。

▷ 十粒籽料皮色各异,或局部有皮,或周身包裹。中间一行中最小的那粒,除皮色外,其玉质结构、白度可称为和田玉中顶级之物。

▶ 两串和田玉籽料连缀而成的"项链"。上串40粒,下串34粒。每粒籽料上均带皮色,串中籽玉大小均匀,是女性佩戴之物中既美观大气,又怡神养身之物。

▶ 和田玉籽料连缀而成的"项链"。40粒原籽,均呈长圆状,被黄、红皮色包裹,规整美观。

也就无从谈起了,只能说是"暴殄天物"。

纹饰是装饰,它的美丑很容易被赏玉者觉察感受。纹饰应服从于器形的需要,其纹饰是否和谐舒朗要结合着结构、章法、繁简、疏密等方面准确处理,凡结构章法有条不紊、统一和谐;繁简疏密准确有致、恰如其分的必然是美的或比较美的。反之,画蛇添足、添枝加叶都是不可取的。

艺术是和田玉器乃至任何玉器所追求的至高境界,也是非常不容易做到的。艺术与工艺是两个不同的概念,不应该将二者混淆。前者是通过形象反映现实或超现实的一种形态,或说是形状。形象独特而美观,其内容更多地是精神层面的感受;后者是做工与技艺,高超的做工与技艺是实现前者的基础。这个区别是在欣赏玉器时需要用心体会的。凡气韵生动、形神兼备的都是艺术美的体现,反之,徒具形骸,缺乏内涵之作则谈不上艺术美。

欣赏和田玉,欣赏和田玉作品是一个由浅入深,由表及里的认识与提高的过程。欣赏之时,应摒弃经济因素的考量,以平和的心态发现美、欣赏美,享受美仑美奂的玉器带给你的美的感受,在欣赏中提高审美能力与欣赏水平。

一、美在美质

玉,石之美者,是有温润有色泽的美石。自古以来玉就是权势、地位、身份的象征，更是美丽的象征。玉的种类很多，有翡翠、软玉（和田玉）、岫玉、青金石、绿松石、玛瑙、珊瑚等，有的色泽美艳，有的质地细腻，有的洁白无瑕，这些都是大自然所赐，令人赏心悦目。这其中佼佼者当推和田玉。

和田玉作品的魅力，首先来自玉质美的感染力。玉器作品的玉质美，根据玉料的不同，概括起来有如下几个方面：其一，色彩斑斓，光彩鲜艳，有色彩之美，如籽料；其二，质地坚实缜密，具有细致细腻之美；其三，光泽温柔凝脂，具有温润之美；其四，沁色、皮张自然耐看，具有深厚的沧桑美。这些或不仅仅限于这些美质，都是大自然造化的精华，是玉石得天独厚的特征。人们欣赏它，就是欣赏玉的色彩艳美、质地细腻、光泽温润、皮色斑斓。这种自然美刺激了人们的感官，激起了人们愉悦、欢快的心理反应，引起人们产生美感并享受其中。

▶ 手把件。"鹅如意"——我如意。鹅的眼睛与翅膀巧用皮色而成，栩栩如生。

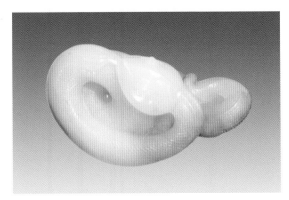

▶ 手把件。"龙抱蛛"。蜘蛛是利用紫罗兰皮色巧雕而成，而龙则利用黄皮天然形成。

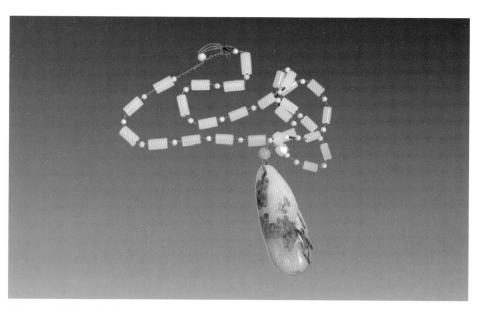

▶ 挂件。"和善如意观音"。这是和田玉成品中的一件"奢侈"之作。挂件呈水滴状，玉石为和田白玉中顶级之玉，油脂光泽、柔和，滋润感很强，致密纯净，洁白无瑕，红皮覆其上，经著名玉石雕刻大师精心构思并施以巧工，成为上乘之作。而"链"接部分是用26粒和田白玉手工打磨成的空心管状，间以35粒薏米状象牙料串连而成，可称为"珠连璧合"之物！

▶ 挂件。执莲观音。挂件籽料玉质密度、油脂度、白度均呈上品之特征。洒金皮覆其上，与白玉相映衬。玉石雕刻大师巧妙利用、发挥皮色的浓淡、位置及色泽，充分研究，精心构思，施天工巧手精雕细琢而成。观音面容慈祥，目光平和，栩栩如生。其另面又施以浮雕技法，勾勒出莲花、荷叶，极具国画工笔之美。玉石顶部与"链"连接处，一点红皮，在玉石雕琢寓意中又蕴含"鸿运当头"之意。这种巧工之布局更见大师心血！此挂件之"链"由45粒和田籽料连缀而成，每一粒均带有大小、深浅、色彩不一的皮色，可谓"粒粒珠玑"！油润腻滑由图中可现，佩带舒适可想而知。"链""件"巧为珠连璧合，是玩家梦寐以求之物。

▶挂件,"福禄寿"。挂件中部右侧那浅浅的黄色皮,在行内称为"孩儿面",这在和田玉籽料中较罕见。被技师巧工雕为"桃子"成为此作品中的"点睛"之处。"链"子为40余粒原籽串接,更衬托了挂件的价值。

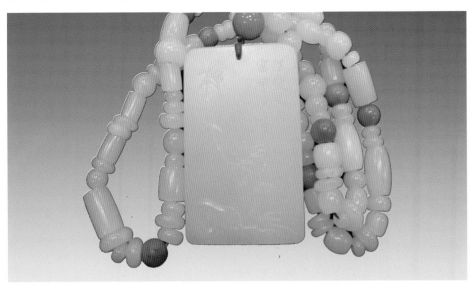

▶挂件,佩牌,羊脂级和田白玉。牌的正面"踢毽高升",背面"富甲天下"。玉质羊脂白,技法大师施,主题呈祥瑞。除佩牌外,挂链部分亦用同块白玉雕刻打磨成环、柱、珠连缀而成,形成一个完整的和田白玉精品之作。

▶ 挂件，荷叶莲花。

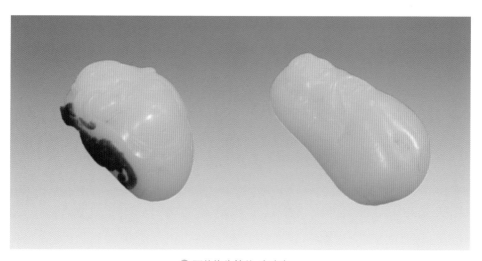

▶ 两件均为挂件，有皮色。

二、美在工艺

玉器的美,还体现在工艺上,对工艺美的欣赏体现在以下几个方面:

1.精雕细刻、玲珑施艺

加工制作上,琢磨有规矩、有力度,轮廓清晰,细节突出。玲珑施艺是玉器琢磨的一个特点,它展现了构思的艺术性和琢磨的技巧性,表现手法有透雕、镂雕、链子活等。

透雕又叫镂空雕,是浮雕的进一步发展。是在浅浮雕或深浮雕的基础上,将某些背景的部位镂空,使作品形象的景象轮廓更加鲜明,从而体现玲珑剔透、奇巧的工艺效果。透雕使玉器作品层次增多,花纹图案上下起伏二三层乃至四层。由于层次增多,花纹的图案、景物等,上下交错,形成远近有别。透雕完成后,在玉器抛光时颇为费时费力,但其艺术效果也是最佳的。这种雕法还称"圆身雕",属三维立体雕刻。前后左右各面均雕出,可以从四周上下任何角度欣赏,通体作品形同实物,充分体现了玲珑施艺、精雕细刻的至高境界。

链子活则更具工艺技巧,一串链环,环环相连,乃用一块玉料琢磨而成,其用工、用具极为精细讲究,非语言可叙说清晰。链子活雕琢讲求静心、耐心、细心,稍不小心,前功尽弃,从这"三心"可揣摩其施艺的精细与难度。这种"链子活"也称为活环活链技艺。

2.疏密布纹、浑然一体

许多和田玉摆件作品上多有纹饰,有阴纹、阳纹、浮雕的区别,这种装饰可营造形式多样的满底

▶ 挂件,"鸡心龙凤佩"。仿古件。镂空雕琢技艺,将原石点滴皮色保留并突出,可见其制作技师的心血所在。

▶ 挂件,"龙凤呈祥"。原石籽料白度极高,皮色被技师巧妙雕琢为龙凤,而挂件整体呈桃状则不饰雕琢为天然形成。

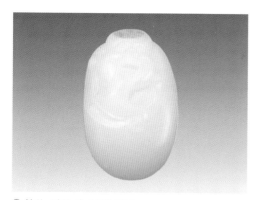

▶ 挂件。财神,亦为鸿运当头。

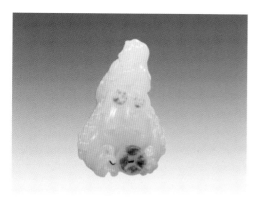

▶ 手把件。刘海戏金蟾。

布纹、疏密有致的细腻雕纹,充分表现琢玉的精湛技巧。布纹讲究既要适合作品器物的造型,又要体现出整体的艺术美感,还要顾及到纹饰与纹饰之间的关系相互映衬。

布纹俗称"了面",指琢磨作品器物的表面纹饰,是工艺技巧的重要手段,也是造型效果的最后体现,形式与技巧颇为讲究。满底布纹应繁而不乱;疏密布纹要张弛有度,既体现节奏和韵味,还要和整体器形融为一体。

3.浑然圆润、整体协调

浑然圆润的整体效果能彰显玉材玉质的美感,而精细雕琢、玲珑施艺与浑然的要求有些矛盾,因为没有整体的协调,玲珑也好,精细也罢,都容易产生"细碎"的感觉。所以,高明的琢玉师总能将两者和谐统一,作品琢磨细密玲珑,但又不失浑然圆润,这其间有琢玉师通盘的考量,如整体光洁素净,局部细致;又如外延圆润,中间精细;再加纹饰繁密,表面光挺,造型简约,利用俏色巧工等等。越是玲珑的雕琢,磨面越是圆顺、饱满;琢磨非常细致,如水线、露珠,有水灵灵盈透之感,以求达到浑然和玲珑的完美结合。扬州工艺中的炉、瓶作品,扬帮工艺三足炉精致优美,镂空细雕,外形静雅,呈荸荠状,给人以灵巧之感。

欣赏这种工艺美,能够更加深刻的体会我国源远流长的玉文化的内涵。收藏于北京故宫博物馆的"和田白玉错金嵌宝石碗",为清代玉器,且不论其传世、文物、御品等市场价值,我们仅从这称谓上就能够想象到集中在这件玉器上高超的玉雕工艺技艺带给人们的美感。

三、美在造型

玉器作品属于造型艺术,是通过造型与纹饰来表现主题。利用取舍,概括勾勒出造型的线条之美、特写之美,达到对称与平衡、反复与节奏、空间与层次、稳妥与比例、对比与调和、多样与统一等艺术形式美。造型的具体图案有主有次、主次分明,有疏有密、疏密得当,有层次,有透视感,有动有静,有繁有简,从而使造型形象逼真、生动,富有情趣,给人以美的享受。欣赏和田玉作品造型还可从这几方面体会:其一,线型勾勒出来的线条美。玉器虽然是立体的,但依然可以用勾勒的线条勾画出形象和形体,是立体的平面化。在雕琢的线条上可见到琢玉师运用流畅利落的"勾"法磨出遒劲、圆实的线形;用"扎"法描出富有弹

▶ 把件,伏虎罗汉。一块羊脂级和田玉籽料,技师依原籽料形状并巧用天然虎皮色雕琢一只伏地老虎与白色的伏虎罗汉形成对此强烈的反差。玉质、皮色、构思、巧工均令人叹为观止!

性的线描，形成富有多变的艺术语言、表达出不同的形象苍劲与娟秀、挺拔与飘逸、粗犷与细腻，使玉器造型体现出生动的效果。其二，去繁就简的概括之美。玉器雕琢犹如绘画，要"留白"，忌铺满。玉器雕琢要留有一定的光面空白，勾画不可过繁，取主要形象，舍次要的内容。如何去繁求简，用现代著名的中国画画家石鲁的话就是："简当成型，简当得宜，简当愈精"。在欣赏和田玉作品时，不论是挂件、把件、佩件、摆件，形象勾画中的取舍概括之美也是应该加以体会的。其三，造型特写之美。和田玉作品中常见的瓜果类玉件，应造型完整、施艺到位，从根须、老藤的结疤，扭转的粗藤，渐变为细藤，以至藤须的弯曲、旋转、藤上叶子等等，每一个局部特写都构成了玉件造型的完整性，使作品值得细细品味。

玉器艺术中"以小见大，平中寓奇，疏密有致，刚柔相济"等这些精妙的造型方法，明显的借鉴了中国画的一些手法，并将其在不同表现方式中发挥至炉火纯青的地步！

▶ 挂件。技师巧工保留此玉身上的红、黑皮完成该作品，玉质莹润油腻，令人爱不释手。有一种触手可及且感受强烈的晶莹凝脂。

四、美在俏色

在玉器上把天然皮色运用地很巧妙恰当，在行内称之为俏色（也有称巧色）。中国玉器，包括和田玉器在内历来以选料精，加工难，设计绝妙而为世人所称道，而俏色的利用与造型设计两者达到浑然天成，更显示出中国玉器之精妙。

和田玉中，尤其是籽料中，皮色沁色，色彩鲜艳，形态万千，深为广大爱玉者喜好，本书多处章节对此均有叙述。在赏玉玩玉之中，欣赏皮色原石，俏色玉器所获取的愉悦与享受是毋庸赘言的。

总之，和田玉挂件、把件、佩件、摆件等等玉件，每一件都是设计者将画意融入其中，不论是山水、花鸟、人物、还是神话、传说、宗教，借自然之物抒发心情，寄托愿望，塑造出美好的意境，借助于匠心独运的艺术手法进行艺术的再创作，形成充满艺术内涵的玉器作品。把玩、观赏之中使审美主体的身心超越感性的具像，进入广阔空间的艺术意境，使精神得到净化、陶冶、升华。

玉器的美，在于本质，在于形态，在于工艺，在于色彩，在于意境，在于兼而有之，在于心有灵犀。欣赏玉的质地美、形式美、技巧美、意蕴美，使玩者怡情，赏者愉悦，观者感叹，思者回味。足矣！

▷ 挂件牌，观音。挂件玉质细密油腻。

▷ 腰牌。文关公，又称武财神。

▶ 手把件，莲生童子。

玩家必知

玉器雕琢的基本工序和方法

玉器雕琢主要包括选料、剥皮、设计、粗雕、细雕、修整、抛光等工序。

选料环节一般来说，除了买家预先选择玉料与敲定题材外，大多数情况下是依据玉料来考虑作品，即"量材施艺"。

剥皮环节也不是一概而论，对好料好皮色，绝不随意剥去，而是利用不同颜色进行构思，进行俏色（巧色）而作，以期提高其作品的艺术价值与市场价值。

设计者往往依据玉料的形状、块度、纹理及表面皮色进行构思，形成完整的雕琢题材。这其中最大限度地利用玉料及皮色，尤其是摒弃玉料上的绺裂瑕疵，如何通过"挖脏遮绺"、"变瑕为瑜"，使作品达到最佳的艺术效果，是设计者与雕琢者的功力所在。

粗雕也可称为做胚，就是按照设计要求将玉料雕琢成型，初步达到设计玉雕的基本造型。虽为粗雕，但这一工序关乎整个玉雕是否成功完成的基础与关键。

这个环节中的"见面留棱"、"以方易圆"、"先浅后深"、"打虚留实"、"留料备漏"等,既反映出这一环节的谨慎,也是实践中积累的经验,"錾"、"扣"、"标"、"划"是粗雕环节切割、挖除的几种方法。

　　粗雕出玉件轮廓后就进入细雕环节,这样才能完成玉件雕琢的全部。细雕的目的就是对玉雕造型做进一步精雕细刻,使玉件内容的人物山水、花鸟虫鱼、飞禽走兽从粗糙勾勒完成至真实、形象、有动感、有表情的细微雕琢。完成后再进行精细修饰的修整,这种精细修整起到画龙点睛的功效。

　　在上述环节完成后,就可以进行抛光了。这是整个玉雕作品完成以前非常重要而不可替代的环节。只有经过完美的抛光,才能使玉器作品具有高贵的气质,才能彰显出玉器的真实价值。抛光通常包括四道工艺程序,所用设备主要是抛光机。四道工艺,一是磨细,即除掉成品表面的糙面,把表面磨细腻,使用的工具主要是非金属的革、棉、木、竹等;二是罩亮,就是用抛光粉磨亮,在旋转的抛光工具上,用力摩擦成品表面,使其产生镜面反射,达到明亮的程度;三是清洗,即将成品上的污垢清洗掉,有水洗、酸洗、碱洗、超声波洗等;最后是过蜡,喝蜡喝油及擦拭,使成品有较强的油脂性。

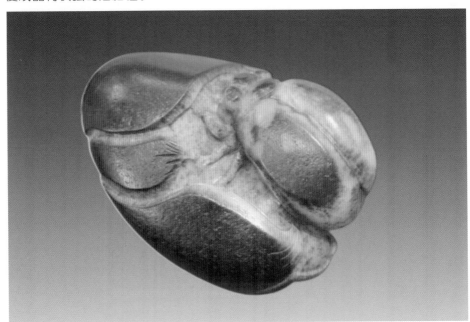
把件,富甲一方。

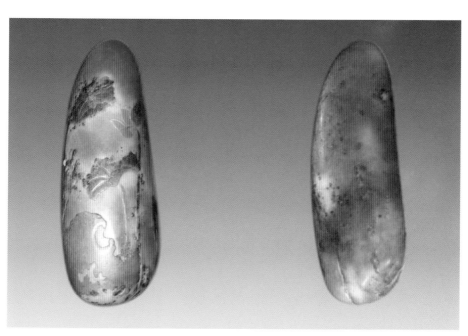

▷ 摆件。雨后残荷。黑皮色被巧工为两片荷叶。左侧白点部巧雕白头翁，寓意白头偕老。右图为此件另面。

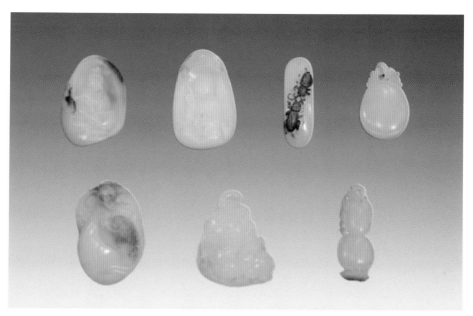

▷ 形状、形态各异的挂件，有洒金皮、黄皮、红皮，黑皮等。技师依其不同形态皮色巧琢而成，各具特色。

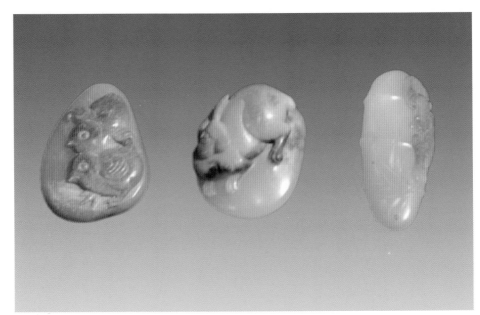

▶ 这三件挂件,保留原籽形状,利用其皮色雕琢成情态各异的作品。玉质凝脂,皮色招人喜爱。

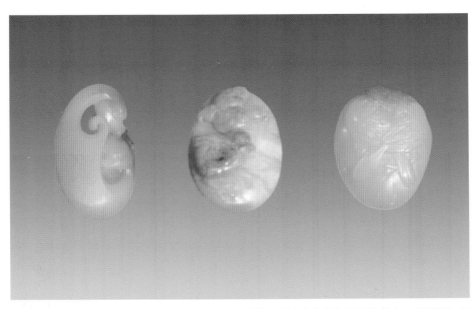

▶ 和田玉籽料巧工而成的挂件。技师施巧工将各粒籽料上的皮色完整保留,雕琢为情态万千的作品,既使皮色美感发掘极致,又展现出籽料玉质的腻、滑、白。

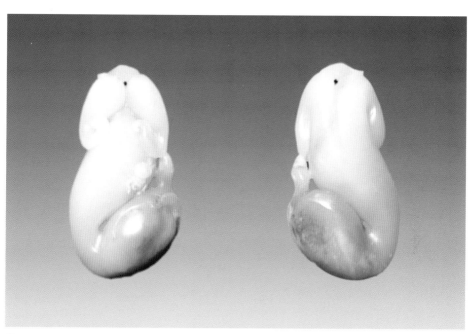

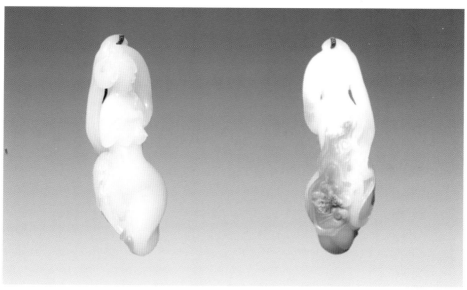

▶ 这个成品挂件特点是和田玉籽料上含有少见的翠色"豆芽儿",煞是令人爱不释手,从挂件另面更可清晰看见"翠色",玉质细腻,莹润。

▶ 把件,裸女。此玉为羊脂级白玉籽料,玉质细腻洁白,皮色鲜艳,雕工技法高超。

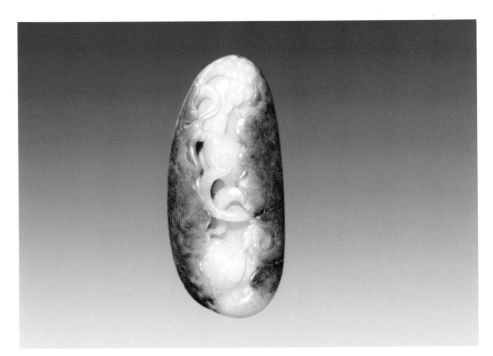

▶ 把件,岁岁平安。此籽玉肉白似羊脂,在"双胞胎"虎纹皮的衬托下更见其细腻油润。技师雕法细致,沿虎纹皮边缘雕琢,在保证籽粒原本形状基础上,增添其艺术魅力,使此玉增添几许艺术色彩,令人叹服!

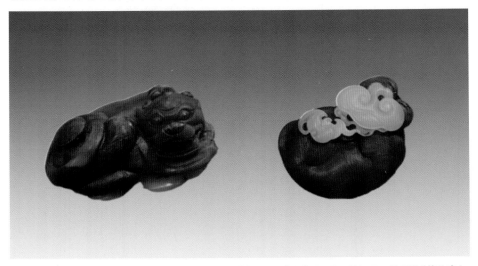

▶ 把件,福寿如意。这是由一块极为罕见的双色玉籽料雕琢而成的作品。墨玉精细巧工雕琢的"兽"(寿),墨色均匀整齐。羊脂级白玉雕为祥云如意,构成此作品"福寿如意"。此玉质地细密,硬度很高,腻滑莹润,其墨色皮色,乃玉质内外均呈墨色,而另面又呈半璧羊脂白玉,极其罕见!

▶ 碧玉戒指,此类玉有新疆碧、俄罗斯碧、加拿大碧、青海碧。在油脂度、油润度上新疆碧较其他地方的碧玉略高。此件为加拿大碧。

▶ 摆件,扭转乾坤。

玩赏和田玉

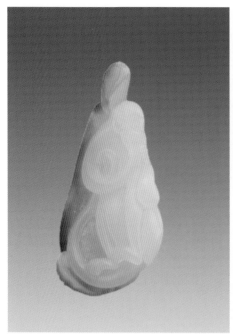 

▷ 挂件，一叶封猴（侯）。籽料为上等和田羊脂白玉。 ▷ 挂件，代代封侯。

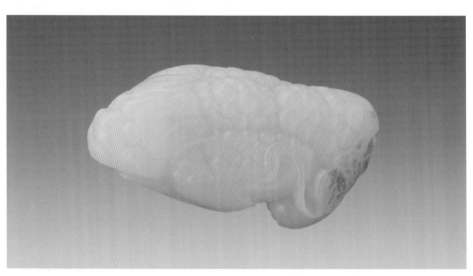

▷ 把件，金钱缠身。技师在这块籽料上，充分利用和发挥玉石皮色，巧工雕成几枚铜钱，顺玉石形态线条勾勒雕琢一只蟾，将"金钱缠身"这一吉庆主题发挥极致。

▶ 86

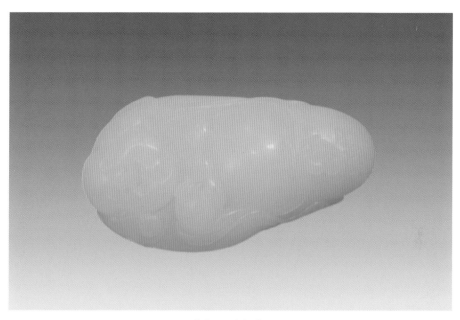

▷ 把件。弥勒佛。

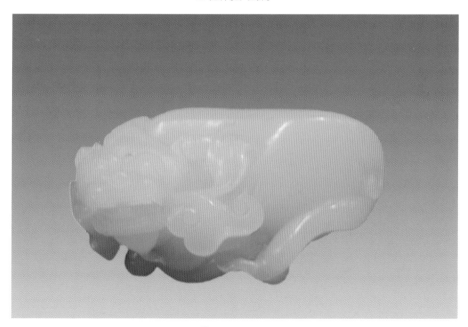

▷ 把件。添禄。

▷ 佩件,牌。望子成龙。

▷ 佩件,牌。龙凤观音。

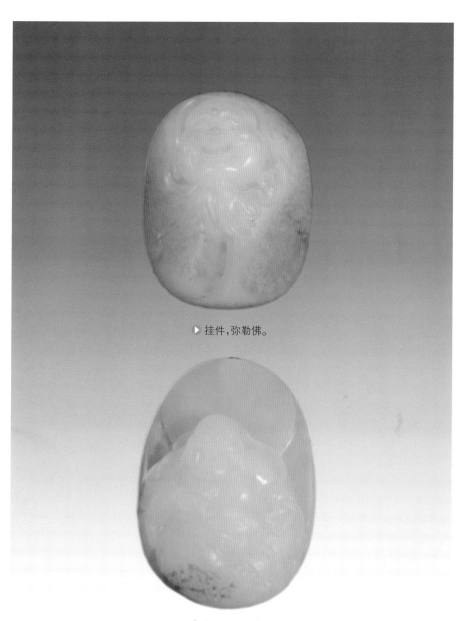

▷ 挂件，弥勒佛。

▷ 挂件，弥勒佛。

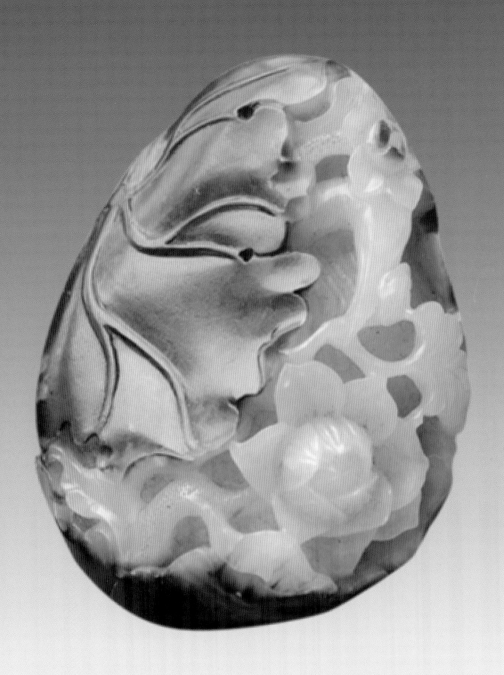

▶ 把件，一路有余一路发。此籽料玉质上乘，在羊脂级和田白玉上覆有罕见的墨黑皮，可遥知此玉在原生矿藏中年代经久的形成过程。由于玉质密度极高致其油润细腻；罕有的墨黑皮加之点点黄、红皮被玉雕大师精心构思，充分保留并展现出白玉的羊脂。精湛的巧工将此籽料焕发出品质与艺术完美结合的光彩，成就出一款玉石藏家欲为己有的精品之作。

▶ 把件，鸳鸯。技师利用玉上的枣红皮精心雕琢而成。

和田玉的把玩

玩玉,讲究的是玉料和雕工。玉集山川之精髓,日月之光华,每一块玉都凝聚了大自然的精华,是天地间孕育的精灵。在长达数千万年的历史进程中,经历漫长的岁月洗礼冲刷,每一块玉都蕴藏着无穷无尽的沧桑和耐人寻味的

▶ 把件,龙龟。寓金钱归笼之意。龟背上洒金皮深浅过渡自然,技师巧工顺势而成。此把件玉质密实,羊脂级白玉籽料。

深邃内涵。玉的美感在于凝重深沉而不空泛,温润凝脂而光泽自然,形态婀娜而和美内敛。玩玉赏玉的最大乐趣,便是在把持、盈握、观赏玉石玉器之中品出哲理,感慨宇宙万物千变万化,叹服自然之力鬼斧神工,体会时空流逝于弹指间;读出人生,品味生活哲理,悟到做人处事真谛,达到精神的愉悦与升华。这绝非是"夸夸其谈",更非附会牵强,玩玉赏玉需要一种平和的心态,摒弃利益的牵扯羁绊。盘摩、摩挲、把玩之时,任思绪沉浸在手中那款晶莹凝脂的玉石之中,所思所想所感所悟,相信是会有所得。赏工识艺是一种乐趣与享受,解读原石的自然之美,同样也是一种怡然自得。

先以玩赏玉石原石来说,一块玉石掌握,在体会享受玉石带来的温和润泽之美的同时,在把玩盘摩的动作中,对玉石还要有更多的认识和品读。

读质。一方玉石盈握手中,首先感到的是一种重量,这种重量,不仅仅反映了此块玉石的玉质质量,对于你手中的把玩件,此时你所品读的已不是

挑选购买时的辨识辨析的感觉,而是玉石的"品质"带给你的感觉:那种千百年来,人们寄寓在玉身上的品德,那是一种包容的情感,一种远大的胸怀,一种"厚德载物"的品行和中华民族传统的美德。

品形。玉的形状,尤其是和田籽料,颗颗粒粒都是历经千万年无数次的崩落、搬运、碰撞、雨雪、流水、翻转、滚动、冲刷、浸渍与滋养,以及在漫漫时光中沙砾的洗礼,棱角已被磨圆,褪掉了"年少的轻狂",展现出各异的形态。形状、皮张、沁色是岁月赋予的成熟与坚韧,品味咀嚼个中别样的"千锤百炼出深山"的内涵,也是玩家把玩之中应获取的内容。

赏皮。和田玉那漂亮的皮色,经过大自然鬼斧神工般的敲打与孕育,点点洒金,灿灿秋梨,艳艳枣红,斑纹杂生,赏心悦目。每一种皮色都像是一首诗、一支歌、一种低声喃喃的细语,一段尽历沧桑的历史,似乎穿越到那遥远的远古,令你神思遐想,展开翅膀任由思绪翱翔。皮色本身就是一种艺术,是岁月的积累,是玉石经历的见证。透过这薄薄的皮色,似乎可以听到岁月如歌,似乎可以窥到时光如白驹过隙,千万年的历史长河在静静地流淌……

阅肉。玉盈握于掌间摩挲把玩,籽玉的肉质温润细腻,毛孔明光油脂,仿佛一直都在轻轻的呼吸,与你融为一体。不管是白玉、青白玉、青玉、碧玉、墨玉,糖玉哪一种色调,和田玉那如君子般温文尔雅,温和仁义的品质,无时无刻都与你相伴,相随、息息相通。

思瑕。裂隙、斑点、瑕疵,把玩玉石时,手指轻轻抚摸玉身上的点点"伤痕":或是一条水线,或是一点癣绺,或是一处浅絮,或是

▶ 挂件,荷花鸳鸯。玉质密实,白度较高。

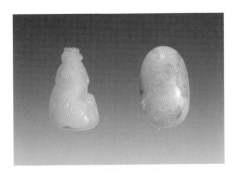

▶ 挂件。右为五福捧寿。

▶ 成品，手把件，凤凰。

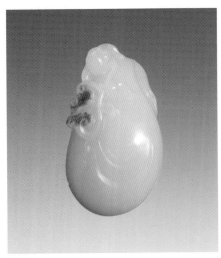

▶ 挂件，如意童子。籽料上的枣红皮巧雕为一云朵、如意。

一块僵皮……您想过没有，这说上去是玉的瑕疵，但这更是千万年来大自然在时空流转中，在玉身上镌刻的时光记忆，这些岁月的痕迹，恰如老翁头上饱经风霜的丝丝银发，恰似老妪脸上世间沧桑的皱纹；又似时光隧道，能将我们带回数万年前的史前世纪。许多人追求无瑕，追求羊脂，但世上何物无瑕？羊脂又能几多？玉的瑕自然天成，把玩之中不也是一种别样感受吗？

玩玉赏玉的乐趣远非仅限于此，和田玉文化源远流长，和田玉作品厚重精深，爱玉玩玉者以手之玩、目之赏、思之悟、心之感、行之践来把玩欣赏，自会享受其中，乐趣其中，愉悦其中，心身受益其中，而体会玩味玉石中所蕴含的人文道德之美，则更使精神心灵得到升华。

自古以来，玉之美就被人们从自然属性的美升华为人文精神的美。因此，古时从孔子始就认为玉有"德"。玉有几德？说法有很多，大致有这样几个。第一，《礼记》记载，孔子认为玉有十一德：仁、智、义、礼、乐、忠、信、天、地、德、道。第二，《管子》记载有九德。第三，《荀子》记载有七德。第四，汉代的《说文解字》归纳为玉有五德：仁、义、智、勇、洁。后人多依此五德说法。其实无论玉有几德，都是以玉的每一个特征，化作人格的美与道德的美，所谓"君子比德于玉"。

仁："润泽以温，仁之方也"，玉给人们带来恩泽，有仁爱之心。玉生性温和，经常佩带、把玩会给人一种非常平和的心态。现代科学实验为这种说法找到的科学依据，经放射性鉴定，白玉的放射值与人类一样，这是其他任何矿物质所没有的现象。这就犹如佩玉之人时刻有一个具有仁爱之心生性温和的人陪伴左右，感染着你！古人有云，无故玉不去身。或说的就是这样的道理，而"玉养人"之说，也就不仅仅是滋养之意了。

义："鳃理自外，可以知中，义之方也"。从玉的外表就可以看到玉的内里是否有杂质，心扉敞开，坦诚相见，这是玉的忠义之德！而人与人交往，人心隔肚皮，知人知面不知心；与玉相比。人们应自省反思。"君子比德于玉"并非妄言。

智，"其声舒扬，专以远闻，智之方也"。敲击玉石，它会发出悦耳动听的声音，且能传到很远的地方。这说明玉是智聪慧明，能够将自身欢乐惠及周围。我们每个人若能够修身养性、怀仁爱之心、乐善好施，是否"比德于玉"成为君子呢！

把件，府上兴隆。利用皮色雕琢虎（府）与龙（隆），谐音扣府上兴隆。

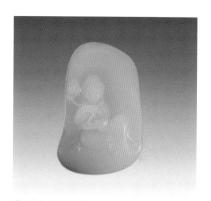
挂件，执莲观音。

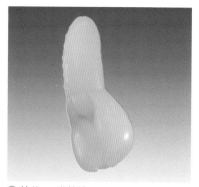
挂件，一掌乾坤。

玩赏和田玉

▶ 摆件，用和田玉籽料雕琢的壶。寓意"一品青莲"，"和和美美"之意。

▶ 挂件，生肖鼠。皮色深浅不同富于变化，技师巧妙利用，精心雕琢而成。此玉质密实、油润。

▶ 把件，鸿运当头。技师所雕图案为白鹅戏水。洒金皮包围中的鹅戏水，即"窥见"到这块羊脂级白玉的色泽莹润、细腻，又是原石原状，皮色均匀亦透着晶莹，掌握之中圆润饱满舒适，其把玩之中情态可见！应是不可多得的收藏、玩赏之物。

勇，"不挠而折，勇之方也"。从白玉的韧性可见玉之勇气，可折而不可屈，正直挺拔。玩玉佩玉者亦应有此不骄不躁、不馁不畏、正直挺立、奋发向上，勇往直前的品德。

洁，"锐廉而不忮，洁之方也"。白玉断裂时，边缘会有锋利的断口，但用手去触摸，并不会伤害，这是白玉的特征，又与其他物质不同，这正是玉的洁身自爱、君子之风。

玩玉赏玉佩玉之时，这玉中所体现出的人文之美，高风亮节，也应是爱玉之人自省、感悟的内容吧！

和田玉把玩之中，玉石玉器的润泽之感所带来的美感也是多方面的。玉的那种温和润泽带来的多方面的享受，也是人们始终对和田玉喜爱的重要原因之一。

玉石把玩之时首先带给你的是那种温柔的视觉美。尤其是和田籽玉，孕育于昆仑万仞高山，崩落于玉龙喀什河，漂砾与冰块滚泻而下，在融雪洪水般激流中一路磕磕绊绊，经历了漫长的岁月，

终于在与喀拉喀什河汇合成的
和田河，成就了自己的天生丽
质。那种精光内蕴，细腻无瑕，
体态滋润，晶凝如脂的润泽之
美，使视觉得到充分的温和畅顺
的享受。新疆和田玉白如羊脂，
黄如熟栗，黑如纯漆，红如鸡冠，
这些招人喜爱的玉色，色调自
然，浓而不艳，养眼养心，吸引古
今多少爱玉者的目光。

玉在手中玩赏把摩，通过与
手掌肌肤的接触，玉的温和沁人
心田，此时人玉之间通过触觉似
乎有了一种情感的交流。玉经
过把玩者的呵护、摩挲、盘摩，愈
发显得楚楚动人，滋润光泽。摩
挲把玩的时间越久，手上的油润
感就越强。那种糯滑柔顺，细腻
润泽又略有一丝凝阻感的触觉，
细细品味，和田玉温柔的触觉美
是那样的令人醉享其中！试想
一下，如若是在檀香缕缕，古筝
悠悠的氛围，品茗、盘玉，那又该
是多么惬意之事呀！

玉，其声舒扬。只要玉料无
裂无绺，玉件无断无隙，以玉棒
击玉或互相轻击，会听到悦耳的

▶ 手把件，刘海戏金蟾。

▶ 把件，连年有余。玉色羊脂，腻滑莹润，形状自然，皮色厚重，雕工精巧。

▶ 成品，挂件。喜事多多。籽料通体莹润。

玉声。和田玉的玉声不同
于翡翠的声音清亮明快；不
同于独山玉的声音沉浑稳
重；也不同于岫岩玉的清脆
流畅。和田玉的玉声总是
那样清越悠长，温婉柔润，
温扬的玉声令人陶醉，不知
不觉中进入玉我相知，我玉
共融的忘我境界。玩玉之

▷ 摆件，自在观音。此籽玉皮色洒金，腻脂柔滑，莹润。

时，体会一下和田玉的这种温扬的听觉感受，享受一下这来自远古的"天籁
之音"！

　　玩玉之中通过视觉、触觉、听觉的感受，必然会引起心灵的共鸣。和田
玉的温润质感，形态意象，清扬之声，如丝如绵渗入心田，与心灵相撞，相存、
相依，调和气息，使心情、心态得到抚慰，精神得到享受与升华。通过把玩
于不知不觉中玉的物质美转换成温馨美，这种温馨美又幻化为德行美。玩
玉品玉的过程，也就是精神情操升华的过程。

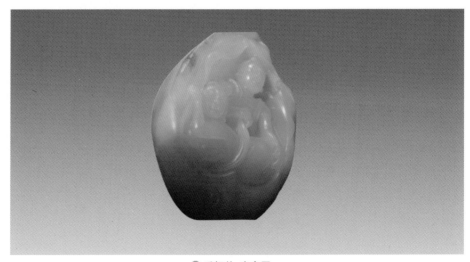

▷ 手把件，春宫图。

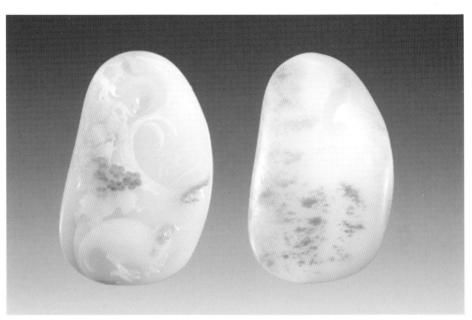

▶ 把件，锦上添花。花朵是技师巧用皮色而成，醒目有跳跃之感。

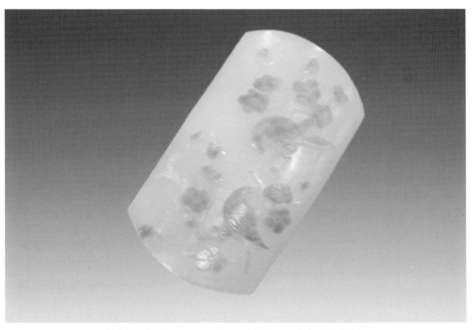

▶ 佩件，喜鹊登门，星星点点的皮色被巧工为喜鹊与花枝。

▶ 摆件,路路通。玉级羊脂,皮色诱人,形状丰润厚重。

▶ 挂件,麒麟观音。

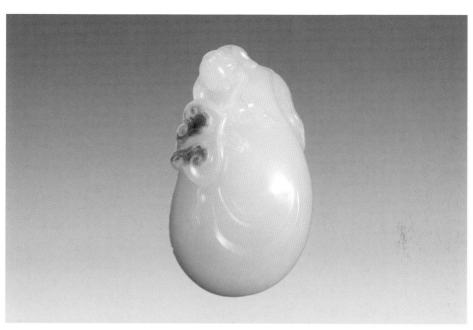

▶ 挂件,如意童子,籽料上的枣红皮巧雕为一云朵如意。

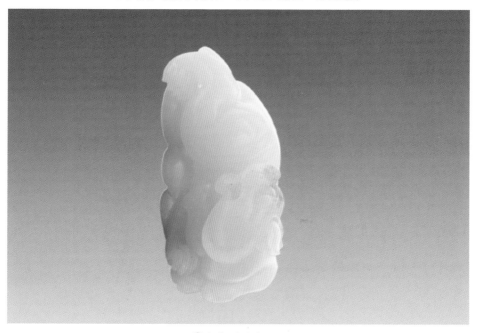

▶ 把件,虎虎生风。

▶ 摆件，童子拜观音。和田玉籽料（羊脂级）雕刻而成。原籽一块雕刻而成。

印章,荣华富贵。

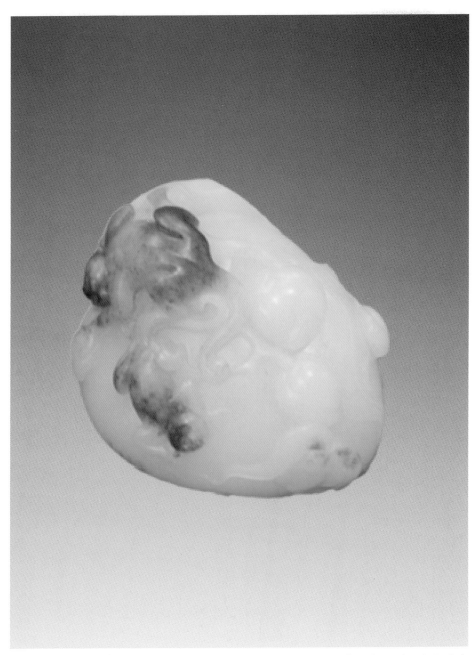

▶ 把件,福寿如意。皮色有黑、红、黄加玉色白成四色,为技师巧工利用,展现出吉祥主题,把玩各面,各有不同。

▶ 摆件,奥运福娃。既是饰件更是历史见证。皮、色、形顺势而工,将奥运福娃活脱脱的展现于眼前。

▷ 把件,怪兽。这是一块被枣红、黑色皮色包裹的多彩玉,由多种矿物质形成多彩玉种的和田玉籽料巧工雕琢而成的作品。此籽料结构紧密、油脂度极高,莹润腻滑,盈握把玩之中有厚重凝脂的感觉。

▶ 把件，富甲天下。羊脂级和田玉籽料，玉质紧凑，密度极高，莹润凝脂。原籽形状丰满浑厚，顶部自然天成的皮色中一"滴"紫罗兰皮被技师精心构思以巧工雕琢成一只甲壳虫，惟妙惟肖。玉石周身大部洒金皮色又似天工之巧。把玩之时，拇指抚甲虫，盈握之中有别样感觉；洒金的玉皮又使视觉得到享受。此为手把件中精品之玉，精致之作。

▶ 手把件，如意。

▶ 摆件，添禄。

▶ 把件,莲年有余,羊脂级。

▶ 把件,富甲一方。

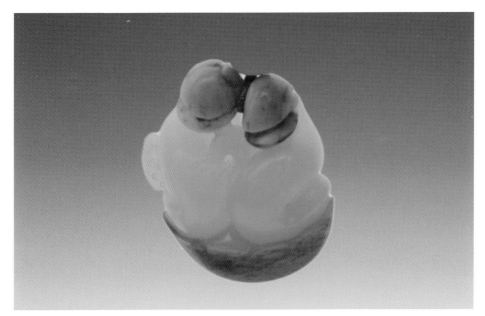

▷ 挂件,勃勃生机。

▷ 这是用一块青花墨玉雕工饰成的把件。一头有着弯弯犄角的水牛卧于墨玉之中,泾渭分明。这种玉是极为少见的,技师巧用两色玉构思出令人叫绝的作品,更显现出此玉的品质。

和田玉的保养

"三年人养玉，十年玉养人"。这是一句爱玉之人常说的话，一个"养"字，前者是"保养维护"之义，后者为"使身心得到滋补或滋养"之义。既道出了玉为通灵之物，也告诉了我们很多

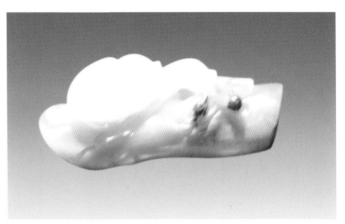

▶ 摆件，扭转乾坤。羊脂白玉级籽料上有片黄及点红的皮色，衬托出玉质的凝脂白度。

知识与道理。远古至今，玉被人们赋予了无数美好的含义。祖先认为玉可通达天地、贯穿生死，故祭祀大典均奉玉器而拜祭；皇室王族又视玉为王权、身份、地位的象征；随社会发展，玉渐入民间而成为人们心中美好的祝福之物。而这种玉又多数以和田玉为代表，和田玉即为珍稀宝贵之物，所以执玉之人精心"保养维护"就尤其显得重要。

玉通灵也好，滋养身心也罢，都似乎在说明一个道理：玉是有生命的。故尔，收藏、欣赏、把玩和田玉的人都应该像爱护儿童一样精心保养呵护玉器、玉石。藏、赏、玩和田玉是有许多禁忌的，这需要每一位爱玉之人留心注意，以免伤了你的美玉啊！

1.避免与硬物放置一起

和田玉硬度虽然较高，但仍需注意不要与硬物放置、接触，以避免受到

▶ 挂件。

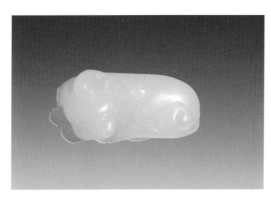

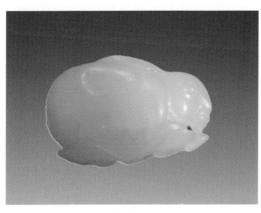

▶ 挂件。

碰撞,否则玉很容易开裂。即使未见裂缝,其内部结构或已受到破坏,出现暗裂隙纹。不仅损害了玉石、玉器的完美,也降低了它的经济价值。

2.避免灰尘

玉器表面有灰尘,应用软毛刷子轻轻掸拭;若有污垢,油渍附着其表面,应用温的淡肥皂水洗刷,再用清水冲洗干净。不可使用任何化学除垢剂、去污剂。

3.避免与香水、化学剂接触

籽玉和古玉有一个软化的过程,需要人的体温帮助,适当的汗液会使其更透亮,所以籽玉和古玉可以与汗液接触,人体汗液中的盐分及挥发性脂肪酸也可使籽玉,古玉表面脱胎换骨,愈显温润。但新加工的白玉玉器佩戴过久,接触太多的汗液,会使玉的外层受损,影响其原有的鲜艳度,尤其是羊脂白玉雕琢的器物,更忌汗液和油脂。许多人,包括不少爱玉玩玉者误以为和田玉越多接触人体越好,实则是个误解。和田羊脂白玉和其他白玉若过多接触汗液,汗液中的盐分、脂肪酸、尿素等会慢慢改变洁白的玉表层,使玉件容易变为淡黄色,不再洁白如脂。因此,白玉佩件在佩戴中应经常注意一定要用干净柔软的白布擦拭干净。一些玩家把玩、盘磨玉件时,不可用玉件抹拭面部汗渍,这是玩家中常见而又忽视的现象。

4.和田玉挂件佩件存放应妥当

玉件不佩不挂之时,应放入首饰袋或首饰盒中,以避免尘土或碰损。尤其是高档白玉饰件,避免暴露放置桌面,积尘落灰,影响玉件亮度。

5.清洁方法要得当

要用清洁的白布、柔软的毛刷擦抹,掸拭,不宜用色布或纤维质硬的布料。

6.存放环境要适宜

要有适宜的温度、湿度,不宜在阳光下长时间曝晒。在高温高湿的环境中,应妥善收藏。

此外,在和田玉的保养方面还有"三忌""四畏"的说法,即和田

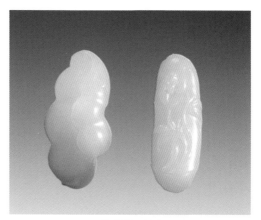
▶ 挂件,瓜果。

▶ 挂件。

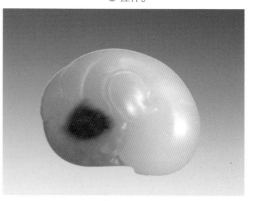
▶ 把件。

113

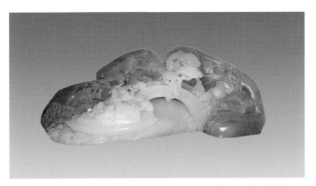

▶ 摆件，青花大型山子。作品中所现犹如一幅立体的山水逍遥图；小桥流水，楼台亭榭，对酒当歌，乐在其中。

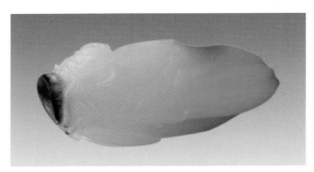

▶ 挂件，鸿运当头。青白玉。

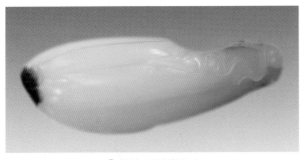

▶ 挂件，瓜蝶绵绵。

玉忌油、忌腥、忌污浊气体；畏冰、畏火、畏姜水、畏惊气。如果和田玉与油接触，油脂会堵住玉本身的"毛孔"空隙，使玉不能自然莹润；与腥物接触，不但会让玉染上腥味，而且还会伤害玉质；忌污浊气体，道理与忌油相似，因此玩家在把玩玉石玉器之前要洗净双手。而气温过低时，玉质可能会因此产生不可挽救的裂纹，和田玉接近冰或被冻，沁色发僵，没有了玉的油润感；玉靠近火源，又可能会使玉表面的光泽度和透明度受损，尤其是温度过高，也会产生裂纹并伤害到玉质；姜水是去腥之物，若玉长时间与姜水接触，就会使沁色暗淡无光，难以补救；畏惊气是指佩戴者或把玩者受惊或不慎将玉跌落，这对玉的损害是致命的。因此，不论是赏玉还是玩玉都要修身养性，平心静气，在玩赏美玉之时品味玉之内涵，达到"人养玉，玉养人"的境界。

玩家必知

玩赏和田玉玉器的常用术语

蛀孔：指玉质表面大小不一，如虫蛀一般的孔洞。

玉皮：玉石表面的色皮。

俏色：又称巧色、巧作，指巧妙利用玉料上的不同颜色雕琢成花纹、图形，增强作品艺术表现力。

圆雕：指立体雕法。

透雕：指镂空雕法。

剔地平雕：先在玉料表面设计主纹，把主纹外的地子均匀琢低至一定深度，将主纹凸显出来。

游丝毛雕：汉代特有的刀法，指线条织细如丝，作游动状。

通心穿：俗称"通天眼"，孔从顶至底钻穿。

象鼻穿：又称"牛鼻穿"，指并排二孔，内部相通。

喇叭孔：指用工具钻磨的圆孔，上大下小，状如喇叭。

管钻痕：指器物表面留下的圆孔钻穿的痕迹。

铁沁：铁质氧化物顺着玉石较疏松处、绺缝沁入内部，形成的红褐色铁沁。

斜刀：西周时期特有的刀法，指在并行的双阴线中，磨去其一的线墙，使之成斜坡形。

汉八刀：汉代特有的刀法，器物线条粗劲、简练、雕琢极少，似八刀刻成。

生坑：指新出土或出土后未经盘磨的器物。

熟坑：指未经入土或早年

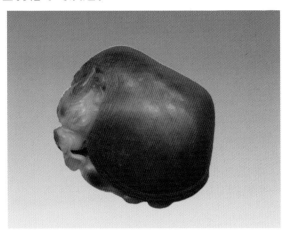

▶ 把件。钱财归笼。一颗状如红枣般的枣红皮和田籽料被巧工雕成龟头龙身(归笼)，龟壳下雕有九枚钱币。

出土后经人工盘磨的器物。

脱胎：指出土玉器经人工长期盘玩后，玉质晶莹亮润，色泽愈发鲜艳，犹如羽化成仙，脱出凡胎。

白化：玉器入土后，受到埋藏环境影响，其显微结构变轻，透明度丧失，颜色变白的现象。

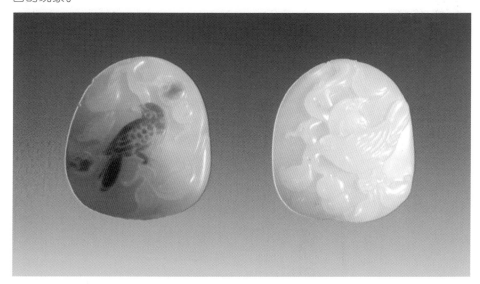

▶ 两个挂件，均表"喜事多多"主题。左面挂件有红皮；右侧则是通体白玉。

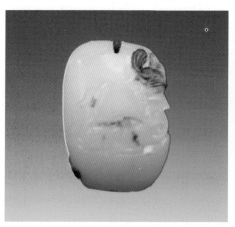

▶ 挂件。

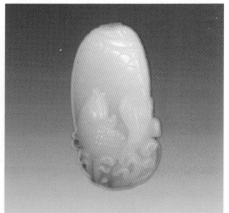

▶ 挂件，鱼跃龙门。

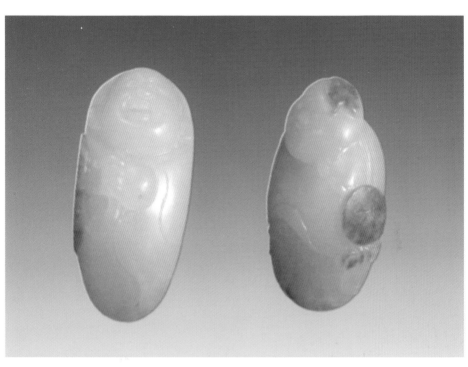

▶ 两个挂件。皮色，玉质均佳。

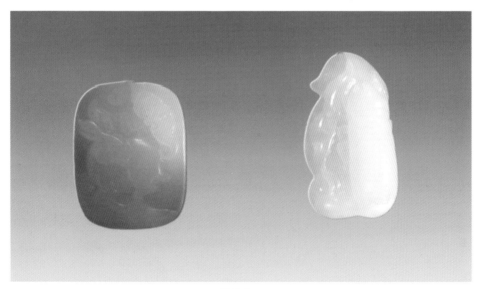

▶ 挂件。

▶挂件,观音,鸿运当头。

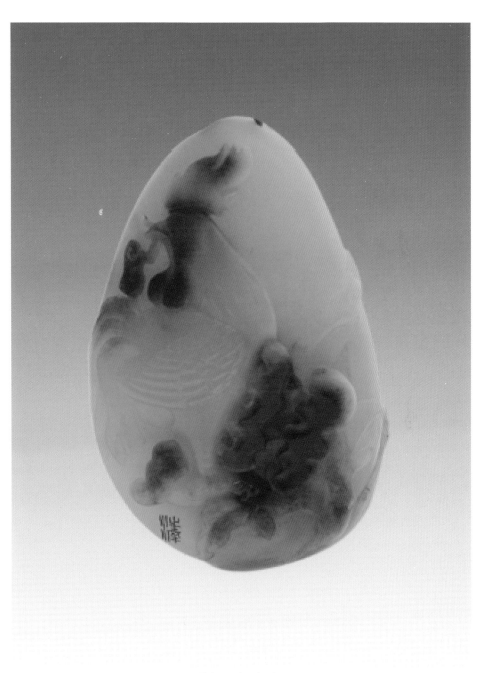

把件，夫唱妇随。

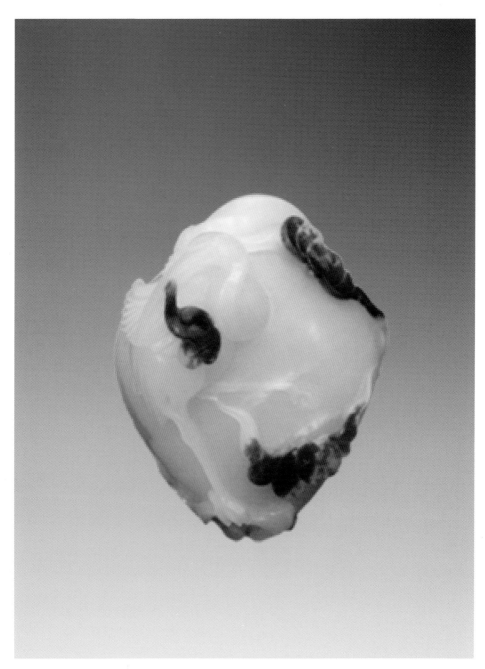

把件,技师利用羊脂白玉上的几片枣红皮巧雕细琢出蝙蝠,仙鹤,寓含"福寿双全"之意。

▶ 摆件，荣华富贵。黑、红、黄加白玉形成四色籽料。色彩十分鲜明。此玉集鲜明色彩于一石，在和田玉籽料中实属罕见。

▶挂件。连年有余,玉质羊脂,皮色鲜艳,构思精巧,形状自然。

◎ 佩件，腰牌，钟馗嫁妹。此作品玉质上乘，皮色均匀，是玉雕大师的精心之作。

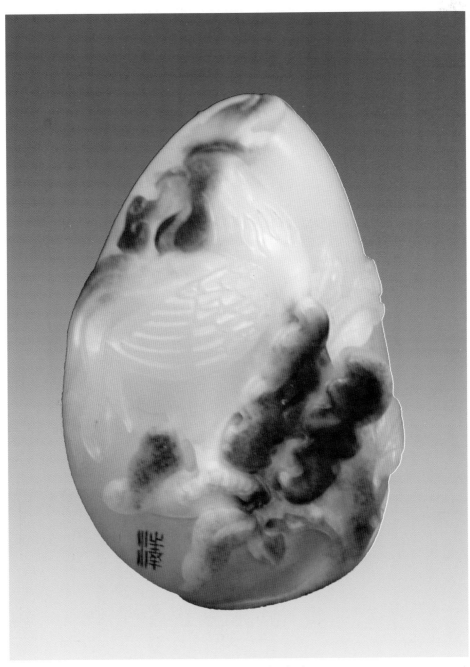

▶挂件。官上加冠，也叫夫唱妇随。

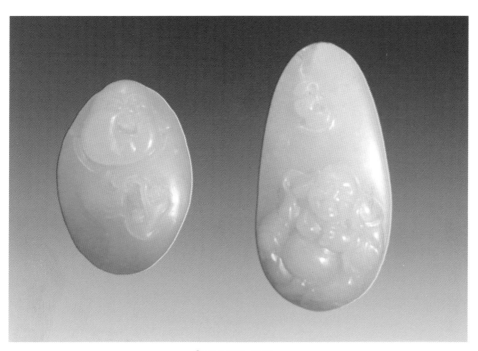

▶ 两个挂件，弥勒。

▶ 把件。

和田玉的价值

软玉,主要指和田玉,是玉雕行业所需要的最主要的玉材,也是最优质的玉料品种,从古至今大量用来生产玉器,特别是小块玉料也用于饰品。软玉晶莹美艳、温润光洁、缜密坚实,数千万年来,它象征着高贵、纯洁、友善、吉祥。人们所赞颂的"玉德"、"玉魂",主要指的就是新疆和田玉,尤以其中羊脂白玉最为高贵。人们常说玉能显现她的灵气,能保护人的平安,是人的护身符。美玉来自远古,人们以玉为器,以玉为饰,在庄严盛大的礼仪之中以玉为礼。历朝历代的"玉玺",又是权力的象征。今人所说的"美玉无价",绝不仅仅是说玉的金钱价值,内里包含了诸多意思。一件你所喜爱的玉器或玉石,不一定非常珍贵,但在你常年的观赏把玩中,她陪伴你走过青春,走向白首;见过你的忧虑,也见过你的喜悦,对你而言,这块玉便是无价之宝。玉的纯白、纯真、温润、无瑕寄寓了人们"比德于玉"的愿望,象征着人们圣洁的灵魂、丰富的学识和高尚的情操。《礼记》中孔子所言的玉之十一德,《管子》中所言玉之九德,《说文解字》中许慎"玉有五德"说,不单纯是说玉的品质,也分明是在喻人。人与自然万物相通,人与玉也相通,可谓琢磨无尽期,精美无极致。玉在中华民族的心

▶挂件,洋洋得意。玉为羊脂级。

目中就是"德"的代名词。"君子比德于玉",有德之人即为君子,好玉之人,自然也在君子之列。玩家观赏、把玩玉石玉器之时,不也正是修身养性,陶冶情操,提高境界的过程吗!

现代人喜好、收藏、观赏,把玩玉石玉器既是传统文化的继承与延续,也是玩家的思想升华与精神陶冶。诚然也有保值升值投资这些经济利益的考量,但这丝毫没有降低和贬损爱玉人士的品德。连古人都有"黄金有价玉无价,藏金不如藏玉"的说法。因为收藏把玩玉石玉器本身就是需要有经济基础的,收藏也就意味着保护和延续传统的玉文化。从这一点上说,爱玉赏玉玩玉是高尚的,有意义的行为。

温润洁白的和田白玉既是中国人美好品格的象征,也是玉石玉器玩家和收藏家喜爱与追逐的艺术珍品。就其经济价值而言,"黄金有价玉无价"的说法,使许多人对玉的价格产生很神秘的想法,即没有规律,似乎是漫天要价,就地还钱,因人而异的市场行情。实际上玉石、玉器既然是一种商品,且如今已形成相

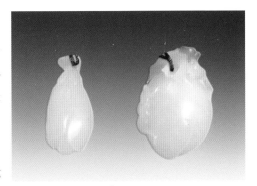

▶ 挂件。

▶ 把件。

▶ 挂件,瓜果。原籽料上的皮色与瓜果浑为一体。

当规模市场，其市场价值还是有一定的规律的。只是玉石玉器行业相对比较封闭，一般人对其了解不多，加之近年来，玉石玉器价格持续上涨，令不了解行情的人眼花缭乱，无所适从，不知其真实的市场状况。

上个世纪八十年代，一公斤和田籽料80元至100元，而这三十年来，和田籽料的价格走势是：1980年100元1公斤，2000年10000元1公斤，2005年10万元1公斤，2008年30万元1公斤，2010年初100万1公斤，而到了2010年底则是200万元1公斤，至今仍呈上涨趋势。目前，极品的和田籽玉，（20克以内）已达20000元1克，精品的把件（50克至150克）已经是10000元1克，大块籽玉的价格接近或很快突破500万元1公斤！皮色好，能够做俏雕和牌子的原料价格，根据形状、皮色和出牌子数量的不同，价格也是浮动很大。这或许是由于资源有限不可再生的原因，加上近年来和田玉爱好者人数的急剧增加，造成市场需求量增大而使价格推高。所以籽料原料及成品具有良好的升值空间。山流水和山料的价格与籽料的价格有些差距，甚至差距很大。由于山料等的内在品质判断十分困难，所以一般玩家应以购买成品为妥，以降低风险。

▶ 挂件，凤佩。

▶ 挂件,蛇。

  另外,玉器的制作是个复杂的艺术创作过程,一件作品的产生凝聚了玉琢艺人的心血、创造以及所承担的风险压力。一件作品是精品还是一般作品,其市场价格是有相当大的差距的;是玉琢大师的工艺还是一般玉雕师的工艺,其工价也是有着巨大的差别的,这些也是玉器价值构成的费神之处。对于难得的精品,真正的玩家会敢于出手,不轻易放过。在古玩市场上有买漏,掐尖等买卖手法和现象,这种情况在新玉艺术品买卖上绝不可能出现,因为新玉的成本计算非常明晰。和田玉制品的工艺成本比较高,能够开专卖店的店家均具有一定的资金实力,如果没有销售成本和合理利润包含在内的价格,店主不会售出产品的。所以玩家及爱好者若一时追求高品质、低价位,那么买到假货也就不足为奇了,若是那样,对玩家及爱好者来说,不单纯是经济上的损失,情感上也会受到伤害。

  目前真正的和田羊脂玉已经是凤毛麟角,是难得一见的稀罕珍宝。业内人士认为,作为一种不可再生性资源,和田玉的价值会越来越高,其市场的前景十分可观。实际情况也的确如此,和田玉的产量越来越少,而市场需求却有增无减,自然会使和田玉的价格越来越高。

所以,说和田玉的价值,或说玉的价值,在中华民族心目中她是高尚而美丽的象征;是神圣之物;是"德"的代名词。玉,古往今来,承载了人们诸多的愿望与期许,赞美、颂扬、吉祥……除经济价值以外的,在精神、情感、修身等诸多方面的"价值",恐怕是任何物品都无法与之比拟的。形成一个物质的东西,又摆脱了物质的属性而演变成为一种精神力量,形成了绵延八千年的中国玉文化,成为中华传统文化中重要的组成部分,这也正是玉的真正价值所在!

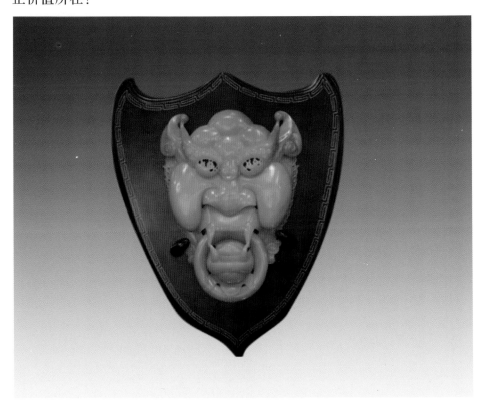

◎ 悬挂件,狻猊。镇宅辟邪之选。

小贴士

玉雕大师陆子冈

玩玉者,对明代"子冈玉"不可不知。

陆子冈,明代嘉靖、万历年间琢玉工艺家、雕刻家。一作子刚。苏州人,居横山下。擅玉雕,曾雕玉水仙簪,玲珑奇巧,花托下茎枝,细如发丝而不断,现存北京故宫博物院。他所制之玉,与同时期玉器比,有许多独到之处,尤其刻款形式,均用图章式印款,有阳文或阴文,有"子冈"、"子刚"、"子刚制"三种。不显目,也不固定,或背面、器底、或把下端、盖里等处不一。其所创玉器人称"子冈玉"。在当时为达官贵人所追求,并以拥有而显耀,足见其名贵,与同时代唐伯虎仕女画相提并论。

陆子冈的玉琢技艺十分全面,镂空透雕、起凸阳纹、阴线刻画皆尽其妙。尤其擅长平面减地之技法,能达到似浅浮雕的艺术效果。他的作品有空、飘、细的艺术特色。陆子冈有"玉色不美不治,玉质不佳不治,玉性不好不治"之说。我们知道,

▶ 青花籽料,手把件,青蛙。一品青莲。

玉质越佳，往往硬度也就越高，雕刻难度也就越大。他的绝活均出于独创的精工刻刀"昆吾"。但这"昆吾刀"秘不示人，操刀之技也秘不传人。后因触犯皇上被杀，又没有后代传人，一身绝技随之湮灭，致使"子冈玉"的雕刻技术至今仍属绝技，难以仿效。

现今所见白玉行中，师古或创新的各种子冈牌有许多，我们也可将其看作是玉器业对陆子冈供奉与膜拜，足见其影响力深远至今。

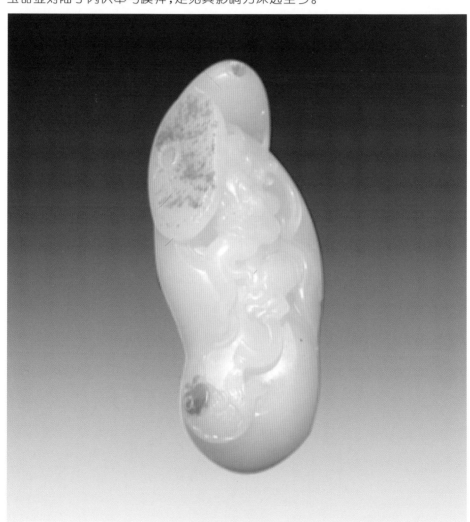

▶ 把件，渔翁得利。

▶ 摆件,观音。技师巧妙利用玉石上的点滴皮色精巧雕出莲花。

▶ 这是用俄罗斯玉雕琢成的主题相同的两个摆件:蜗牛(我牛)。此玉料从白度、皮色方面堪称是俄罗斯玉中的顶级玉料,即或如此,我们仍能眼观其白色与和田玉之间的差别,且油润度也逊色得多。

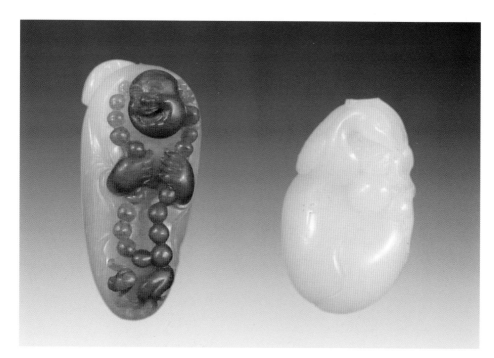

▶挂件,和田玉青花籽料巧雕而成。

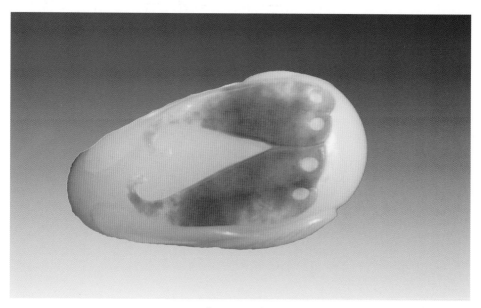

▶把件,双鱼。

▷挂件,罗汉。

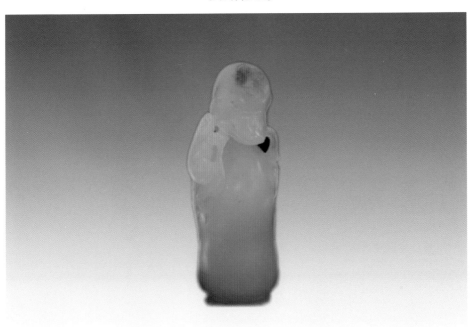

▷挂件,鹅如意。

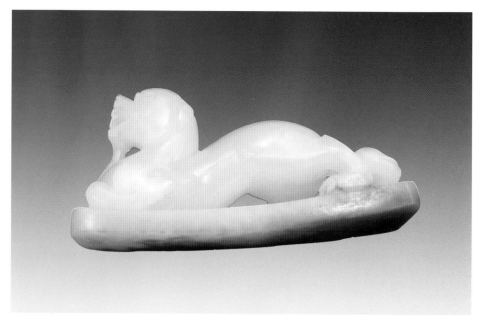

▶ 挂件，貔貅。

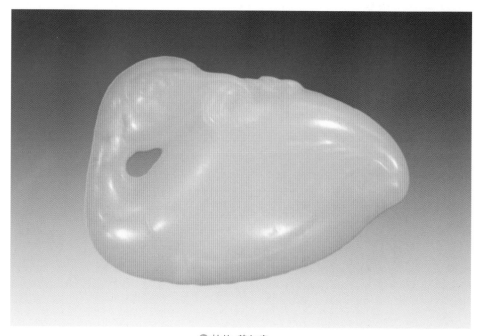

▶ 挂件。鹅如意。

▶ 挂件,观音,连心锁。

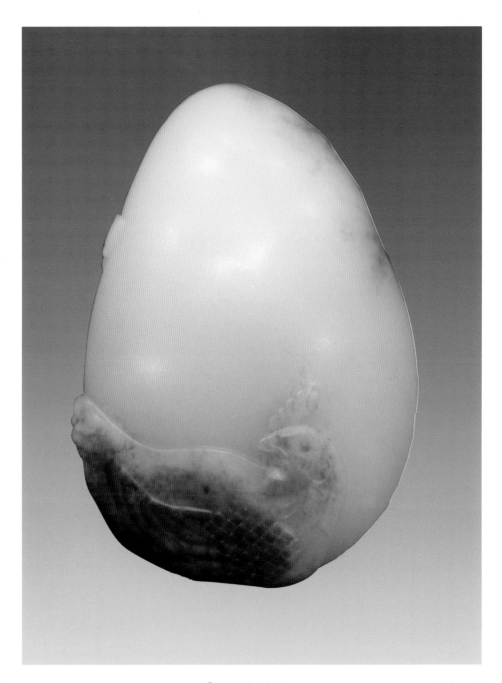

▶ 把件，夫唱妇随。

▷ 把件。

▶挂件。

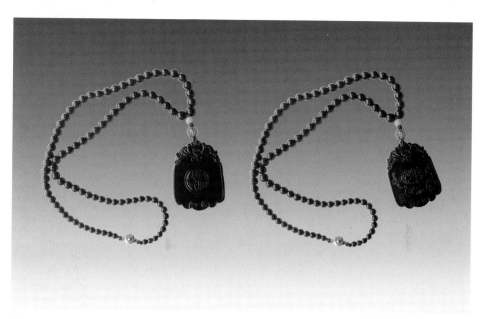

▶ 挂件,和田籽料墨碧,富贵牡丹。墨色在和田玉中极为罕见。此件成品,在强光下黑中泛绿,这是由于此玉质密度极高所致,给人以厚重之感,此玉极具莹润,故有腻滑之感。作品中牡丹图案线条简洁流畅,细致雕琢之中,充分体现出技师对此墨碧的珍惜之情。挂件的"链"是由88粒同品质墨玉打磨而成的圆珠,粒粒油润腻滑,更衬托出挂件图案之富贵主题,也显示了墨碧的珍贵,此挂件确为难得一见的墨碧珍品。

▶ 把件,鹅如意。

和田玉的收藏与投资

　　随着生活水平的提高,人们的生存状态从温饱步入了小康,精神文化层面的需求也越来越强烈,"盛世收藏"成为了一股社会潮流。对玉的收藏已经成为当下国人最热衷追求的内容之一。国人对于美玉可谓情有独钟,民间自古就认为玉能显灵,保佑平安,是护身符,是财富、地位、价值的体现。从宫廷到民间,爱玉、赏玉、玩玉、藏玉的风气一直常盛不衰达几千年。同时,在世界文化艺术宝库中,也只有中国玉器用途最为广泛,历史最悠久,魅力最强,也可以说,玉器是中国特有的艺术。而俄罗斯白玉,韩国白玉在其本国内基本没有多少雕琢生产,且也不为该国普通民众追捧。因此,收藏投资中国玉器,特别是白玉制器,其价值因民族特有,必然也会引起其他各国艺术品爱好者的兴趣,故而这种价值也是世界性的。

　　我国的玉料中以和田玉最为珍贵,以白玉玉料为例,蕴量虽富,但从殷商时代至今已连续开采了四千多年,史书记载开采总量约为九千九百多吨;而从新中国成立至二十世纪 90 年代中期,四十年间开采量为九千四百六十吨,接近上溯四千多年开采量的总和。由于长期缺乏管理,滥采情形严重,加之机械化雕琢,资源短缺的情况越来越明显,尤其是上等白玉,据说昆仑山雪线以下已经难以开采到好的白玉,形成矿源锐减。甚至有媒体报道,近些年来,每年优质和田玉的产出吨数只能以个位计算。其他白玉如俄罗斯白玉,青海白玉矿藏目前虽然仍在大量开采,但储量同样有限,资源枯竭的可能同样存在,所以价格攀升也在常理之中。一方面原材料数量日渐稀少及不可再生,另一方面爱玉玩玉赏玉藏玉的人数却日渐增多,也必然会推高这一物品的价格。此外,雕琢玉器的人工费用及各种成本的日渐上涨,玉器的附加值也就逐渐升高,玉及玉器的价位也就越来越高。而人工雕琢的玉器作品的独一性,使精品玉石作品或俏色孤品的价值会更高。

上述所言是现今和田玉存量的情况,也为收藏投资这一领域的人士提供了绝好的机会,而对于和田玉收藏投资的意义而言,还有以下多个方面的因素。

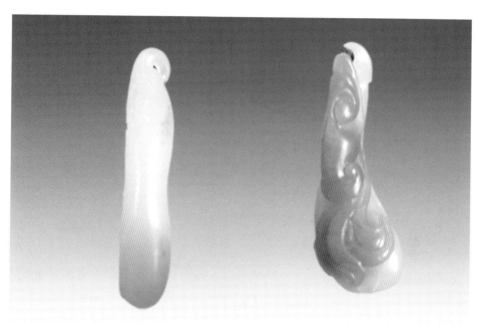

▷ 挂件,这是一个含糖色的俄罗斯玉(右)与一个带黄皮的和田玉籽料(左)。俄罗斯玉白色居多,但白色显苍白,似磨砂玻璃状的朦胧透明感,显得僵白,外观看上去似蜡状油脂光泽,由于其质地细腻程度不够,油脂光泽不足而略带瓷性特征。俄罗斯玉的糖色主要是氧化铁沿构造裂缝浸染而成,而和田玉籽料暴露于地表受氧化铁浸染形成的皮色,其二者的特征具有明显的差别,用眼观此照片中这两款挂件,两种玉的特征、差别还是能够深有体会十之八九的。

1.艺术价值独特

作为各类玉种中的佼佼者,和田玉的价值不像证券、股票、基金那样,是单纯的经济价值;不像陶瓷那样需要占用较大空间且精心呵护;不像书画作品那样容易霉蛀、剥蚀、开裂;不像邮票、磁卡那样,只能观赏不能触摸;

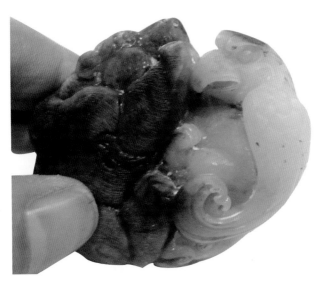

▶ 把件,"英雄"黑熊白鹰,黑白分明,对比强烈。

不像紫砂、铜器可用其无尽的材料不断生产制作。和田玉作品大多小巧玲珑,既便于收藏,又可以把玩,其价值更是由玉料价值、工艺价值、审美价值、人文价值等因素综合构成。由于玉质、色泽的不同,皮色、沁色的不同,玉雕师风格个性的不同,使每一件和田玉作品的造型纹饰都是独一无二,不可复制的。尤其是上品玉材与大师级雕工相结合创作出的作品,更是值得收藏投资者关注,其价值必然会随着时间的推移而难以估量。所以该出手时就出手或是不错的选择。

2.辨识和入门较容易

陶瓷、青铜器、书画等艺术品的收藏,仿冒作假的程度比玉要更多、更难辨识;寿山石、鸡血石的种类之多和质地复杂让大多数人不易接近。如寿山石分田坑石、水坑石、山玩石三大类,每一大类又分出几类;如田坑石又分为田黄石、牛蛋石、溪板独石三类;而田黄石按产地可分为黄田、白田、红田、黑田和灰色田黄石;水坑石分为水晶冻石等十数种,每种又有细分,使人眼花缭乱,一头雾水,无所适从。这还没列举山坑石分十四类八十多个品种的名字。若想熟悉寿山石,进而投资收藏,没有个三年五载的积累绝无可能进入其中,这绝非危言。而加入投资收藏和田玉行列则较为容易,多读一些包括本书在内的书籍,多观赏、把玩、讨教、切磋和田白玉及知识,则会有突飞猛进的"涨进"。而先从低档收藏开始入门,逐渐走向玉石玉器收藏的更高境界应是不错的选择。

3.实用性大于其他收藏

和田玉玉石及作品,可以欣赏、把玩、佩挂、摆饰;可以健身、疗疾、佑身等。而陶瓷、青铜器、书画、邮品、寿山石、鸡血石等藏品只能在一些特定场所欣赏、展示、收藏、保存,有些还要有如温度、湿度等条件要求,以防破损受伤。例如同样是一件观音图像,如是白玉制品,可随身佩戴并有佑福开运之意;而若是一幅画像,则只可挂在室内欣赏,还要注意避免阳光、灯光的照射,更不可能随身携带展卷把玩。所以,相比于其他各类艺术品收藏,白玉的实用性凸显。

4.保管安全与隐秘性强

白玉由于质地密实、坚韧、硬度很高,如果不刻意损坏,不是很容易损毁的物品,而且白玉既不会像金属那样生锈,也不会像陶瓷、书画、竹木牙雕、骨雕、邮品那样需要有一定的条件进行保管,否则很容易损毁。白玉的保养相对简单的多。

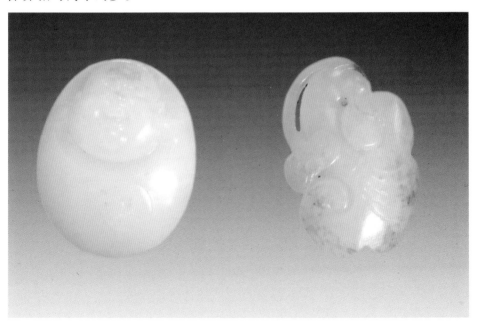

▶ 挂件。左为弥勒,右为如意。原籽料原形顺势而成。

另外,在携带外出或作为资金进行转移,携带玉既容易且有很强的隐秘性。即使是高档极品的羊脂白玉,价值几万、十几万、几十万、甚至上百万,随身携带、佩挂也是安全隐秘的。而其他的古玩、艺术品则无此便捷与隐秘,或难以公开示人,或携带不方便安全。

5.白玉的历史地位高

白玉因其独特的健身祛疾的功能、尊贵的历史地位、博大的文化内涵和深厚的人文精神,古往今来受到各个阶层人们的喜爱追捧。是古代帝王将相的专用物品,因此有些古玉地位显赫,其附加值也很高。古玉流传的主要途径是世代相传或墓葬出土,每件古玉都是时代文明和制玉艺人智慧的结晶,凝聚着历史,体现着文化,展示着艺术,是历史、人文、艺术、材质等综合价值的体现。投资价值很高。

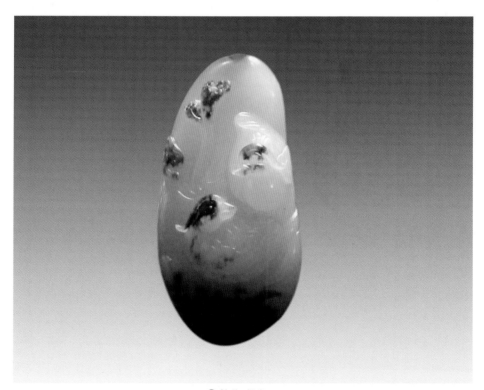

▶ 挂件,鸳鸯。

▶ 挂件。福音,祝福。

6.升值空间令人遐想

　　随着可供开采的和田玉资源越来越少,致使其价格不断飙升。上世纪六十年代,新疆和田玉山料一公斤3—5元;八十年代,一公斤和田玉籽料80至100元。到2005年,和田白玉山料已涨至1万元一公斤,和田白玉籽料10万元一公斤。近十年来,和田白玉价格每年100—200%的速度飙涨。2005年至今,价格已涨了十几倍,以和田玉籽料为例,2010年初是100万一公斤。到了2010年底升到了200万一公斤。一些特别好的羊脂白玉已经不论重量只论块。20克以内的极品和田籽白玉甚至已经达到2万元一克!大块籽玉的价格已接近或很快突破500万元一公斤!随着和田白玉价格的不断飙升,带动了后来进入市场的俄罗斯白玉、青海白玉价格也不断攀高。现在市场上一般的俄罗斯白玉料每公斤超过5000元,带红皮的俄罗斯白玉籽,每公斤价格已涨至15000元至25000元左右;白度较好的青海白玉也升至万元左右一公斤。

白玉资源的不可再生性决定"物以稀为贵",持续的价格攀升也是必然趋势。特别是 2007 年 10 月新疆和田玉禁采令颁布后,源头原材料的减少使和田玉籽料锐减,从而更提升了白玉的价格。由于当下收藏和田白玉风气日盛以及国内民间投资渠道狭窄,房市的不景气,股市的低迷等,造成大量资金涌入古玩玉器投资渠道。有资料显示,在北京、上海等大城市中佩戴、收藏、投资玉器的人数已超过股票、证券及其他艺术品收藏经营的人数。由于白玉玉器玉石把玩,收藏兼投资的丰富回报日渐被更多的民众发现,进入这一领域的人数还会增长,白玉价格上涨的空间令人遐想。

现今,人们对和田玉的收藏趋之若鹜,那么该从哪儿入门着手呢?这章节仅就现代和田玉(新玉)收藏提供些基本原则,供爱好者参考。

其一,看玉质,即质地是根本的原则。

玉质是收藏的首要前提,玉的质地一定要好,同样都是白玉,由于玉种的不同,其质地、美感就会有差异。好的和田白玉质地一般应符合这些要求:晶粒间隙小、粒度匀,透光性一致,显微镜下裂隙小。它的观感应是油润细腻,密实坚韧,滋润光洁。由于过去数年,高端的白玉制品大多已被慧眼之士珍藏,上品的原料、原石多被专业厂家、商家和琢玉师保留,待价而沽。所以,玩家或藏家如遇到较上档次且符合上述标准的和田白玉或籽料,要果断出手,因为质地好的玉料,放置以后再设计雕琢会有较大的回报。

其二,看颜色,即颜色优先的原则。

在软玉中,白玉为上;在和田白玉、俄罗斯白玉、青海白玉中,和田白玉为上;在和田白玉中,优质白玉为优,青白玉、青白籽次之;其优质白玉中,以和田籽白玉为上;籽白玉中,以羊脂白玉最佳;羊脂白玉中,以带皮色的籽料最具收藏价值。除带皮和田籽料外,和田山料及俄罗斯山料中糖色玉也备受业内人士喜爱。由此,在白玉收藏中,白色、俏色、皮色这"三色"应作为优先把握玉料的原则。

其三,析工艺,即工艺是关键的原则。

每块玉料都有其个性特征,琢玉师善于发现和尽量突出其天然特性,雕琢利落流畅，娴熟精工就能实现玉料的工艺价值。在确定一件玉器作为收藏目标时，除考虑白玉材质的稀有性，更要考虑适合玉料工艺方法的最佳性。从玉材质地、颜色、大小、题材、工艺合理等多方综合考量。那些浸透着艺术智慧与创意，显示着娴熟精工的功力之作，肯定会有较高的收藏投资价值。

其四，寻名师，即追索名师的原则。

相同的玉料，相同的题材，相同的工艺标准，由不同的琢玉师来创作，因个人素质的不同，爱好的不同，经验的不同，观察思考角度的不同，技术水平的不同，创作的作品必然不同。琢玉师的审美，喜好、习惯、形式、工艺、痕迹都会在作品中呈现出强烈的个人色彩。这种个性化的风格就形成了白玉作品的艺术价值和收藏价值的不同。玉雕大师、工艺大师深厚的艺术造诣，丰富的创作经验，宽阔的设计思路，新奇的作品创意，精美的雕琢工艺，使其作品追捧者众多，备受行内及藏家推崇。因为大师们的作品均为纯手

挂件，月兔。

149

工制作,一年的成品很少,其后继潜力和升值空间可以想见。再由于原材料日趋紧缺,出自大师之手的作品价格必然会呈倍数增长,所以大师的白玉作品应该作为投资收藏者重要的追索目标。

其五,鉴主题,即主题积极的原则。

白玉作品的人文价值也就是思想价值,同时也是作品主题思想价值。这是文化、艺术、宗教、精神、哲学等内涵的集中体现,通过白玉作品图案和寓示的含义,诠释创作者所要表达的思想主题。这种主题的体现师承传统又与时俱进,同时代潮流共进。师承传统,就是继承和借鉴古代的吉祥图案,表现民间大众祈福纳祥、趋吉求安和攘灾避祸、驱邪除祟的良好愿望;这种思想价值因迎合了世人求吉、纳财、祈福、佑祥的心理,千百年来一直得到民众的认可。而与时俱进,就是继承发展、推陈出新。用新概念、新思想、新形象、新技法,体现不断发展的审美观念与流行意识,惟其如此,这种结合了玉种、工艺和人文内涵的作品方可成为有市场需求、有收藏价值、有

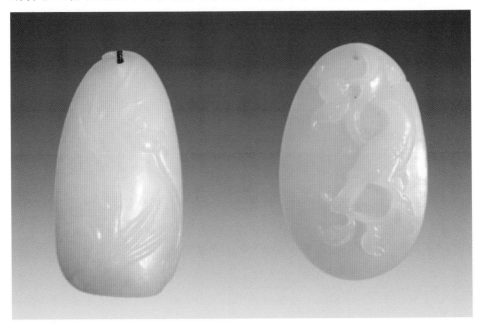

◎ 挂件,喜报三元。

艺术生命力的艺术品，这也就是白玉高出其他艺术门类收藏价值的原因所在。而粗俗的、低级趣味的、素质低下的"艺术"，粗制滥造的工艺，不仅是对玉的不敬与糟蹋，也是对白玉作为思想、文化、人文精神载体的侵害与犯罪。这种破坏资源价值，缺乏艺术价值，亵渎思想价值的产品，必将缺少收藏价值，也绝不值得人们收藏投资。

其六，资源日渐稀缺。

这点在本章开始就予以介绍。我们还可以从其他白玉如俄罗斯玉、青海玉因和田玉资源稀缺，价格上升而"搭车"涨价或冒充"和田玉"，从资源收藏的角度分析，和田白玉的收藏价值更具潜力。

玉石玉器收藏是我国玉文化的延续发展，事实证明，其长线收藏比短线收藏效益更好，因为玉石玉器的历史、文化、人文价值是无法估量的。

收藏投资和田玉还要注意多学多看多接触，避免走入误区。在选择上应注意，不可只注重产地，不辨析玉料。新疆虽然是和田玉的产地，但在当地所买未必都是和田玉，这要注意慎重选择。不要只看重皮色，不重视玉质。市场中假皮色、浅雕琢，极具欺骗性。要注意识别机制还是手工，不可只认规矩工整而有所忽略。还应避免只仰慕名气，不辨识工艺。有意收藏和田玉者，还是应该下些功夫，做些"功课"，打些基础，还应熟悉各地工艺的特点，方能在藏品收集中得心应手，少走弯路，少交"学费"，少受些损失。

玩家必知

和田玉市场的"陷阱"

玩赏和田玉新玉，讲究玩的是玉料和雕工。玉料，现在市场上充斥着大量的青海玉料，俄罗斯玉料及各种地方玉，无不打着"和田玉"的称谓。辨析玉料，若没有专业知识及常年玩赏和田玉积累的经验，的确有些困难。所谓千种玛瑙万种玉，不单纯指种类多而言。雕工,传统著名的玉器雕琢工艺有苏州工、扬州工,现在更有上海工、湖州工、徐州工等。玉不琢不成器,但雕琢不得法,反而糟蹋玉料,暴殄天物。因此玩赏和田玉,雕工也是很重要的。但在和田玉市场上更需提防注意的是:

其一,难以识别的玉料。目前市场上最容易跟和田玉混淆的是俄罗斯玉料跟青海玉料。由于俄罗斯玉料与和田玉料的结构和成分最为接近,故而更易混淆。相对而言,与和田玉料相比较,俄罗斯玉料显嫩,或是有些"水灵灵"的感觉,或是显干,油性差;俄罗斯白玉料要么白中透粉红,要么白中透黄,白得"透"。市场上常用俄罗斯玉料冒充和田白玉,因为这里面有巨大的差价!以前人们认为籽料就是和田玉料,其实,俄罗斯玉料中也有籽料,只是皮厚、玉质密度差而已。青海玉与和田玉相比,显得"乌涂",油润度差。其他的玉料,如岫玉等还是比较好区分的。

其二,难以分辨的皮色。玉器上做假皮由来以久,但现代假皮不是为了"仿古",不是为了追求"古韵",而是为了冒充籽料,为了追逐市场"利润"。前几年主要是用俄罗斯白玉料通过烤皮、炝色冒充和田籽料,但这种做假破绽太多,极易识

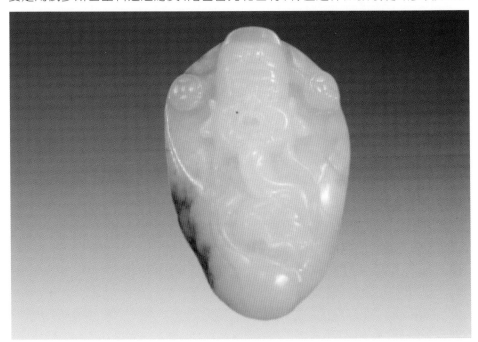

◎把件,财神。

别。现在市场上常见的是用和田山料做假皮,而且做得很薄,雕琢时再经过磨砂、剔除,有意保留下一星半点,造成"自然"的假象,极具欺骗性。由于许多玩玉者对皮色"情有独钟",甚至有个别"发烧"级的玉友专门"玩皮",近年来,苏州等地作伪的高手,就用一种玉质较差而又有糙皮的真玉料,通过滚圆,再以化学手段催红增色,使原本很一般的糙料"制"成一颗颗"枣红皮籽料",浅浅雕琢加工后,看上去很自然,极具欺骗性。

对上述两方面的详细阐述,在本书相关章节均有涉及,玉友多加阅读再加上玩玉中的感觉与体会,辨识玉料及皮张还是能够把握的。

其三,难以判断的雕工。玩新玉,工艺很重要。不同地方的雕工,其工价也不一样,人们普遍认同传统的苏州、北京等地的雕琢技术,加工价格自然也就高;河南岫岩等地玉器加工价格就低些。像上海的雕工虽加工能力不是太高,但工艺稳定且加工渠道正规,其工价也较高。扬州的加工量没有苏州大,市场也没有苏州活跃,虽有外地工匠前来发展,但传统的扬州师傅仍是主流。而苏州的玉器加工业最为发达,各种技术的交流融合也最频繁,但其中也是鱼龙混杂,玉匠成分十分复杂,既有从小在苏州玉器工厂学艺的传统派,又有曾经在玉器行中打过工的巧手,还有河南工、新疆工到苏州发展的外来匠人。他们每天的产品被观前街文化商城或文庙的各商家选去出售。其中工艺良莠不齐,故而即或是在苏州买的本地制的玉器也并非都是苏州工,这其中的加工价格也就难以判断了。

玩家必知

苏州、扬州玉雕的特点

苏州、扬州是我国传统玉雕技术精髓的聚集地,赫赫有名的陆子冈、姚宗红、郭志通,均出身于苏州专诸巷玉工世家。专诸巷玉器,玉质晶莹润泽,娇嫩细腻,平面镂刻是专诸玉作的一大特点,而其薄胎玉器,技艺更胜一筹。扬州玉作,以玉山子著名。

苏州玉雕以小巧玲珑见长,扬州玉雕则以大取胜。玉如意、玉山子是扬州玉雕业的著名产品。扬州玉山子艺术特色明显,玉匠擅长将绘画技法与玉雕技法融汇贯通,注意形象的准确刻画和内容情节的描述,讲究构图透视效果。

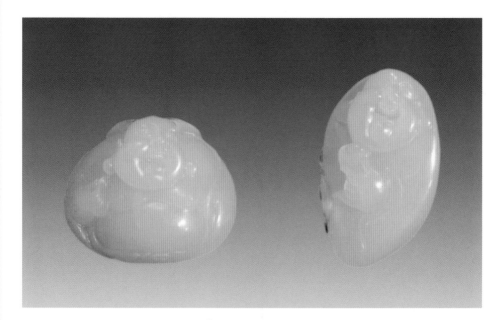

▶ 挂件。均为弥勒。

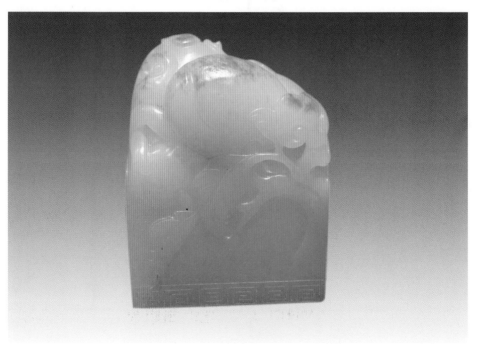

▶ 印章。样样如意。

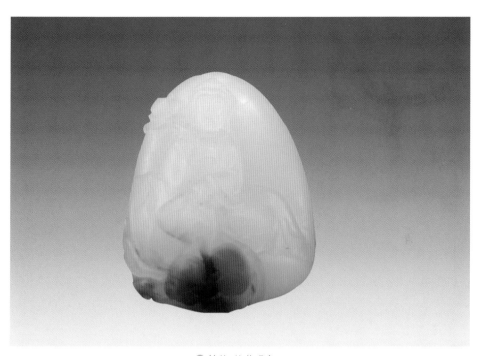

▶ 挂件，执莲观音。

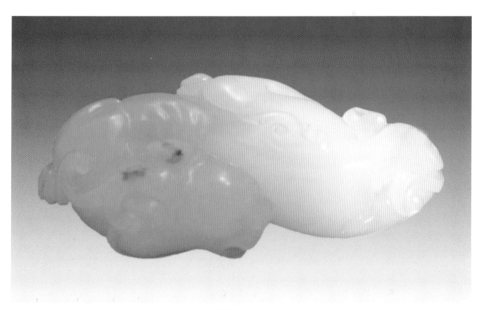

▶ 把件。虎。

▶ 摆件。和田玉籽料，笔洗，一品清廉。

▶ 把件。黄玉和羊脂玉结合体。

把件。一鸣惊人。

▶ 挂件。刘海戏金蟾。

▶ 把件,恭喜发财。这是一块罕见的墨玉与白玉的结合体,在被黄红皮色包裹的籽料上,两只活灵活现栩栩如生的蟋蟀在白菜上戏耍。盈握掌中把玩之时,既赏心悦目,又极具情调。

▶ 挂件。和田白玉带有鹦鹉皮。

◐ 把件，鹅戏图。

和田玉制品中常见的吉祥图案

玉件玉器雕琢题材总是有一定意义的,有种说法是"图必有意,意必吉祥"。几千年玉文化的积累、筛选、沉淀,精炼出许许多多的传说、典故及各种各样精美图案,为玉件玉器雕琢提供了丰富的素材。人们常常用松、柏、石、桃、龟鹤等表示长寿;用蝙蝠、佛手、壶等表示多福;用喜鹊、蜘蛛表示喜事;用龙、凤、麒麟象征祥瑞;牡丹象征富贵;灵芝象征如意;猫、蝶谐音耄

▶ 把件。

耋,寓意高寿延年;枣、栗子寓意早生贵子;戟、磬谐音吉庆,寓吉祥幸运之意;灵芝与兰花人称君子之交;兰花与桂花代表子孙;公鸡打鸣隐含功名之意;春、萱意指父母;鸾凤、鸳鸯喻夫妻。通过飞禽走兽,花鸟鱼虫,器具物品,或人物、圣人、神仙、菩萨、罗汉及神话、传说,或用字符、图案、文字、谐音等形式来表达人们的愿望、追求、寄托、希望和向往等。这里介绍一些常见的吉祥图案,既可作为赏玉、选玉时的参考,也可了解一些吉祥图案的意义。

1.求福

福包含幸福、福气、福分、幸运之意。生活幸福是人们共同追求、向往的人生目标之一。祈求幸福是玉雕中一个重要的题材。

蝙蝠:因与"遍福"、"遍富"谐音,尽管它形象欠美,但经过充分美化,把它作为象征福(富)的图案。如蝙蝠与荷花组成的"和福图"。

佛手:色泽鲜黄香气浓郁的佛手,是传统的寓福呈祥的载体,这大概是

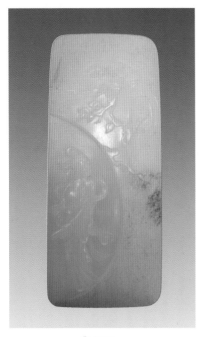

▶ 腰牌。

佛赐的"福"吧。如佛手、桃子、石榴组成"福寿三多"。

多福多寿：表示多福多寿的图形以蝙蝠和桃，以及表示多的卍字构成，常常还有福寿的字体出现，蝙蝠代表福，桃代表寿，寓意福气多而长寿。

福寿双全：画面除有蝙蝠和桃外，还有四个铜钱，寓意双全，以此表示既有福气，又长寿。

福寿延年：蝙蝠、桃和仙鹤寓意福气多、长寿。

福寿有余：蝙蝠、桃和鱼构成主要画面，表示多福多寿。

福寿如意：由蝙蝠、桃、灵芝构成主要画面，蝙蝠代表福，桃代表寿，灵芝代表如意，以此寓意幸福长寿，又称心如意。

福在眼前：图案主要以蝙蝠和铜钱构成，表示福气就要来到。

福增贵子：桂花和蝙蝠的图形，贵与桂同音，寓意既有福气又有贵子。

福从天降：蝙蝠从天上飞下，就表示福从天降，意指福运就要到来。

福缘善庆：老人带着童子，拿着蒲扇，童子拿着石磬玩耍，天空飞舞蝙蝠。蝠与福、扇与善、磬与庆同音，借谐音表示福缘善庆，寓意善良、吉庆会带来福气。

福运：蝙蝠飞舞在云里，蝠即福，云即运。意指有钱财、有地位的好命运。

连年有余：莲花、荷叶、童子抱鲤鱼是最常见的吉祥图案，表示生活富裕。

平和是福：画面以一只花瓶、蝙蝠和柿子构成，花瓶象征平和，柿子表是，蝙蝠表福。寓意人生平平安安、和和睦睦就是幸福。

翘盼福音：画面一童子昂首望着蝙蝠飞舞，寓意期待好消息到来。

▶ 和田玉籽料挂件，一鸣惊人。

天禄：传说中的异兽，形似辟邪，但为单角，拔除不祥，为辟邪；永绥百禄，为天禄，天禄意指天赐福禄。

玉如意：寓意一切祈求和希望都能如愿以偿之意。如百合、柿子、如意组成"百事如意"。

五福：《书·洪范》记载："五福一曰寿、二曰福、三曰康宁、四曰修好德、五曰考终命。"修好德，谓所好者德，考终命，谓善终不横夭。常用五只蝙蝠表示五福。

五福和合：五只蝙蝠一起从盒子中飞出，和合意为和谐好合，此语为吉祥之词。

一路福星：画面由一只鹭和几只蝙蝠构成，寓意路途平安愉快。

五福祥云：五只蝙蝠飞舞在祥云之间，祥云是吉祥的象征，此语寓意福气和吉祥。

2.求富、求富贵

富即财产多，贵即地位高而显赫。玉雕中许多题材都与富贵有关，寓意富贵的人物、动物、植物、传说等的图案有很多。牡丹花姿雍容华贵为花中之王,常用来表示富贵。

白菜:谐音"百财"。

古钱:表示财富。

宝物:即用八种宝物组成的吉祥图案,是指宝珠、古钱、方胜、玉馨、犀角、银锭、珊瑚、如意。

另有佛家八宝:法螺、法轮、宝伞、宝盖、莲花、宝瓶、双鱼、盘长;仙家八宝:葫芦、宝剑、扇子、横笛、阴阳板、花篮、渔鼓、荷花。

大丽花:丽和"利"谐音,象征富贵吉利。

凤凰牡丹:凤凰是百鸟之王,象征吉祥美丽,牡丹是花中之魁,象征富贵。画面以凤凰和牡丹构成,表示祥瑞、富贵。

长命富贵:画面以山石、桃花和牡丹构成。石与桃花寓意长寿,牡丹象征富贵。

富贵长春:牡丹花盛开,寓意永远富贵,长春不老。常由牡丹、猫和蝴蝶构成,猫蝶与耄耋同音,以此表示富贵长寿,常常用于为老年人祝寿之词。

一路荣华:一只鹭鸶、一叶芦苇与芙蓉共同构成画面,寓意荣华富贵。

玉堂富贵:玉堂是翰林院的雅称。图案由玉兰花、海棠花和牡丹花组成,玉兰和海棠表示玉堂,牡丹表示富贵,意指家庭富有,官高位尊。

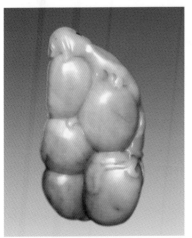
▶挂件,紫罗兰,事事如意。

富贵平安:图画由花瓶插牡丹,盘中盛苹果构成,寓意富有与安康。

富贵寿考:周文王时,九十余岁称作寿考。图案以石头为寿石,牡丹表示富贵,象征富贵与长寿。

功名富贵:公鸡鸣啼表示"功名"之意,牡丹表示富贵,功名富贵,寓意升官发财。

满堂富贵:海棠花与牡丹共存,海棠表

示满堂,牡丹表示富贵,寓意全家富有荣华。

荣华富贵:芙蓉花与牡丹花共存,蓉花与荣华同音,牡丹表示富贵。以此称颂富有且地位尊贵。

3.喜

喜是欢乐,是高兴,是喜悦。人们都期盼生活在欢乐高兴的环境中,为此玉雕作品中许多题材均与此有关。人们庆贺别人喜事时常说贺喜、道喜。喜鹊也称阳鸟、乾鸟,是吉祥鸟,也称报喜鸟,"喜鹊叫,喜事到"。有一种蜘蛛叫喜蛛,人们把喜蛛喻吉光,喜蛛落下象征"喜从天降"。

眼前有喜:在人的前方挂一蜘蛛,称为眼前有喜,意指喜事马上就要到了。还有就是一只喜鹊嘴上衔一枚古铜钱,铜钱中有四方钱眼,也是表示喜事将来到之意。

喜从天降:一只蜘蛛从悬挂在天上的蜘蛛网上降下,象征意想不到的喜事由天而降。

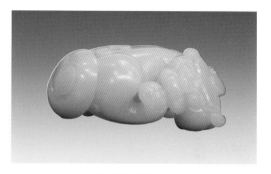

▶ 摆件。貔貅。

▶ 挂件。蚌壳。

▶ 挂件。如意瓜果。

报喜图:报知欢喜之事。画面由一只金钱豹和一只喜鹊构成,豹与报同音,喜鹊乃欢喜之意。

双喜临门:图案多以两只喜鹊飞临家门寓意两件喜事同时到来之意。

欢天喜地:画面上有一只獾昂头向天看喜鹊,喜鹊在天上向地看獾,獾

玩赏和田玉

望天喜鹊看地，故曰欢天喜地，表示喜悦心情。

四喜人：横竖都成喜笑颜开的四个童子称四喜人。人们认为"久旱逢甘霖，他乡见故知，洞房花烛夜，金榜题名时"是四件喜事。也有人认为享有福气、高官、长寿和好运之人称为四喜人。

喜报春先：梅花耐寒，冬春时节开放，预示春天即将到来。画面中梅花枝头站着一只喜鹊，寓意喜鹊率先报晓春天的来临，又将是一片生机盎然的景象。

喜鹊登梅：一只喜鹊站在梅枝上，梅与眉同音，意指高兴的事挂在眉间了。

喜上眉梢：喜鹊站在梅梢上，借谐音表示面孔上洋溢着喜悦之情。

燕喜同春：燕，古称玄鸟，为吉祥鸟，"天命玄鸟，降而生商"，传说商的祖先是其母简狄吞食燕卵而生。燕也为春燕，是春天的象征。喜鹊是报喜鸟。燕子喜鹊同春表示同享春天欢乐，是祝贺之词。

喜得连科：喜鹊站立在莲蓬上啄食颗颗莲子，借谐音表示考试连连取得佳绩。

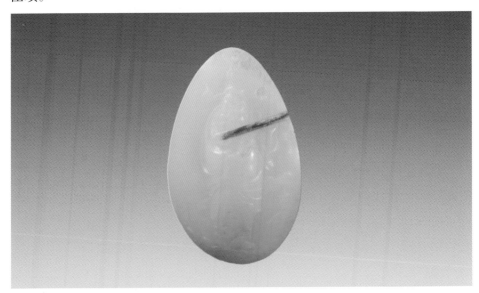

▶ 挂件。钟馗吹笛，亦称福音。技师巧妙利用籽料上一道规整的线状皮色，设计为钟馗手中所执横笛，构思令人叹服。

168

▶把件,连生贵子,此玉质羊脂,凝脂莹润,皮色均匀,乃和田羊脂玉中上品。

喜相逢:两个童子相遇,谈笑风生,意指彼此相见欣喜不已。

石榴:绽开的石榴喻为"喜笑颜开",另一寓意为多子。

4.求官禄

禄原为福气之意,后来意指升官。官禄是传统的玉雕题材,现代禄的含义扩展到考试、晋级等方面。鸡冠花,谐音官;猴子,谐音侯;三元,寓意状元、会元、解元;戟,同官职升级;鹿与禄同音,常用来表示禄。

辈辈封侯:大猴背小猴,背与辈同音,猴与侯同音,侯爵是大官,借谐音寓意世世代代都为侯爵。

喜报三元:图案为喜鹊二只,桂元和元宝三个。古时对科举殿试、会试、乡试第一名分别称为状元、会元和解元,喜鹊为报喜鸟,表示科举高中。

连中三元:用莲花与结有三个圆果的树枝,或用三支箭射中靶心表示。科举考试第一名为元,乡试为解元,会试为会元,殿试为状元。在三种考试均名列第一称为连中三元。据说唐至清代连中三元者仅十三人。寓意考试

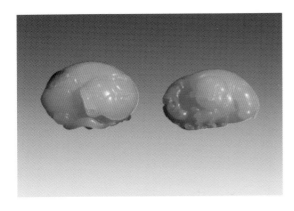

▶ 挂件，左为貔貅，右为童子拜佛。

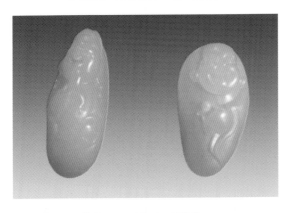

▶ 挂件，两件均雕琢的弥勒。

▶ 把件，均为貔貅。

连连得手。

平升三级：图案为一只瓶上插三只戟。瓶音"平"，戟寓"级"，因此表示官运亨通的愿望。或图案由瓶、笙、三戟寓意平升三级，象征仕途顺利。

五子夺魁：图案为五个小孩抢一顶头盔。

鲤鱼跃龙门：图案为一龙头于云中，一鱼身于水中。相传黄河山西河津县一段，称龙门，水险浪高，河中鱼聚此跃游，凡是能跃过龙门的鱼即变化成龙。故古时科举考场入口，题"龙门"二字，象征举子科举高中如鱼跃龙门，从此飞黄腾达。

官居一品：常以牡丹、菊花和蝈蝈表示，牡丹是花中之王，菊与居、蝈与官音相近，寓意官爵达到最高位置。

官上加官：鸡冠花下站着公鸡，或鸡冠花上有一只蝈蝈。冠和官同音，意指当官晋级。

马上封侯：图案为一匹马上有一只蜜蜂、一只猴。蜂音同"封"，猴音同"侯"，以这种图案表示急于飞黄腾达的愿望。图案为一大猴背一小猴者,称辈辈(背)封侯(侯)。图案为一枫树、一印、一猴者或为一蜂一猴抱印者,称封侯挂印、封侯抱印。

高升一品:画面多以鹤飞翔在空中云端里表示。鹤有一品鸟的雅号,一品是旧时的最高爵位,意指官爵升到最高的地位。

教子成名:为一雄鸡引颈高鸣,旁有五只小鸡,以雄鸡教小鸡(子)鸣(名),而寓意"教子成名"之意,象征长辈教子有方,后人登科发达。《三字经》有:"窦燕山,有义方;教五子,名俱扬。"说的是窦家教子有方,五个儿子全都考取进士。此外还有"五子登科"、"教子成龙"、"望子成龙"等。

一品清廉:当一品官,更要清廉,常以荷花出污泥而不染表示。

指日高升:画面由一个身穿官服之人指着高升的太阳构成。寓意在短时间里将晋升高官。

▶ 挂件。这是极为少见的俄罗斯玉籽料,此料的油性在俄料中也是罕见。

5.求长寿

健康长寿是人们追求和期盼的重要的生活目标之一,长寿典故和题材非常丰富。表示长寿的有寿桃、绶带鸟、白头翁、松柏、仙鹤、灵芝、龟、长命锁、寿星等。

龟鹤齐龄:龟和鹤为主要图案。传说龟有万年寿,能预兆吉凶,鹤为千年仙禽,是祥瑞之鸟。人们常用龟鹤寓意长寿和祥瑞。

八仙拱寿:八仙是我国传说中的八位神仙,有铁拐李、吕洞宾、汉钟离、张果老、何仙姑、蓝采和、韩湘子和曹国舅。拱寿是站着迎接寿星之意,象征吉祥、长寿。同类祝颂之词还有八仙庆寿、八仙仰寿、八仙祝寿等。八仙使用的神器为暗八仙,分别是葫芦、剑、扇、鱼鼓、竹笊篱、阴阳板、花篮和横笛。上八仙有王母、杨戬、寒山、拾得、刘海、白猿、太白、寿星。

海屋添筹:传说海中有一楼,内贮世间人的寿数,如鹤衔一筹插入瓶中,人的寿命将增长一百年。用来祝寿之意。图案以海中有一楼阁,仙鹤嘴衔一支筹飞向楼阁表示。

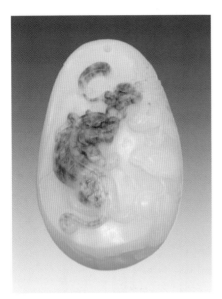

▶ 把件,府上兴隆。

▶ 把件,鲤鱼跃龙门。

春光长寿:以山茶花和绶带鸟构成图案,山茶花寓意春光,绶带鸟寓意长寿,意指长寿不老,永葆青春。

代代寿仙:画面常以绶带鸟、山石和水仙表示,绶带鸟的带寓代,水仙代表仙,石代表寿,寓意世代都健康长寿。

三星高照:图案为三个老神仙,"三星"传说是福星、禄星、寿星,或称福、禄、寿三星,传说"三星"是管人间祸福的,福星管祸福,禄星管富贵、寿星管生死。"三星高照"象征着幸福、富有和长寿。

必得其寿:由玉兰花和石头构成画面,玉兰又称木笔花,石头为寿石,必与笔同音,表示有此长寿。

鹤鹿同春:图案为一鹤、一鹿与一松树。鹤是仙鹤,鹿为梅花鹿,仙鹤与梅花鹿都是传说中的仙物,是长寿和长久的代表,松比喻生命力的旺盛。鹤鹿同春有富贵长寿的意义。

▶腰牌。

福寿双全:图案为蝙蝠一,寿桃一,古钱二。蝙蝠寓福,桃寓长寿,钱寓禄,此图象征福禄寿。

6.求吉祥

吉祥是玉雕的重要题材,吉有吉利、吉祥、吉庆之意。古人云:"吉者福善之事,祥者嘉庆之征。""吉,无不利。"是善美之意。

诸事遂心:图案为几个柿子、桃子。几个柿子指"诸事",桃形如心,寓诸事遂心。

事事如意:图案为柿子和如意串联组合,表示生活如意。

百事如意:常用柏树、柿子和灵芝表示。

慈祥云:又称吉祥云、庆云、青云,是祥云瑞日的象征,既代表是神仙的座乘,也是滋润万物的渊源,预兆吉祥。

大吉大利:吉祥顺利之意。常用桔和荔枝图案来表示。双龙戏珠,穿云驾雾是吉祥的象征。

年年大吉：常以鲇鱼两条表示年年，大的桔子表示大吉，代表每年都大吉大利。

三阳开泰：《易经》："正阳为泰卦，三阳生于下。"冬去春来，阴消阳长，有吉祥之象，俗称三阳开泰，为岁首称颂之词。图案中三只羊象征三阳，天上有太阳。羊又有吉祥之意。

室上大吉：一只大公鸡站在石头上表示室（石）上大吉（大鸡），即家庭大吉大利。

吉祥如意：吉祥在《易经》中被解释为"变化云为吉事有祥"。图案多以大象表示吉祥，灵芝表示如意。

吉星高照：人们认为天上有显示吉兆的星星，这种吉星出现会给人带来吉祥。图案多是云端中有一灯笼或五角星，中间有一吉字，地面或人或山川。

百事大吉：明代田汝成游西湖后写道："正月朔日……签柏树于柿饼，以大桔承之，谓之百事大吉。"柏与百、柿与事、大桔与大吉皆为谐音，寓意百事大吉。

▶ 和田碧玉。

◎ 挂件,老鼠爱大米。

万事大吉：诸事都圆满顺利,常用卐字、柿子和桔子表示。卐是佛教相传的吉祥的标志,与万字读音一样。来自梵文,义为"吉祥万德之所集"。

7.辟邪

辟邪也是传统的玉雕题材,从远古时代的石器时期到现代文明社会,对人们都有一定影响,这大概也是人们的一种愿望。如貔貅,在中国北方又称辟邪,同时又在这个形象上有招财进宝之意。在辟邪上还有钟馗等。

布袋和尚：又称弥勒佛,五代后梁时期的僧人,名契此,又号长汀子。常以仗背一布袋云游四方,自称弥勒化身,据说能示人吉凶,十分灵验。现在佛教寺庙都有弥勒佛像。弥勒佛在玉雕中十分常见,人们常佩戴和陈列家中,以保平安。

观世音菩萨：观世音是阿弥陀佛的左胁侍,大慈大悲菩萨,遇难众生只要念其名号,世音就前去拯救解脱。观世音菩萨的说法道场在浙江普陀寺,诞辰日为阴历二月十九,成道日六月十九,涅槃日九月十九。观世音是最为常见的的玉雕题材,人们常佩戴或供奉在家中,祈求平安吉祥。

▶ 把件：添禄。

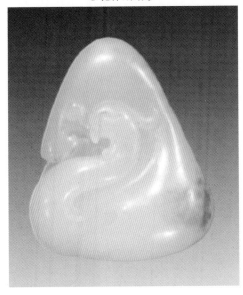

▶ 挂件，凤佩。

五毒图：蝎、蛇、蜈蚣、壁虎和蟾蜍为五毒，端午节时用五毒图挂在身上可以辟邪免灾。

龙：龙是玉雕中最为广泛的题材。龙身长，有须，驼首，鹿角，蛇身，鱼鳞，鹰爪，能腾飞，能行走，能潜水，能行云布雨，也能祛邪致福，是造福万物的神灵。

十八罗汉：释迦牟尼佛曾令十六罗汉前往人世间普渡众生，后增加到十八位罗汉。十八罗汉形态各异，各司其职。据说佩戴或供奉罗汉可以保平安，祛邪恶，是玉雕中的重要题材。

饕餮：传说中的一种凶恶贪食的野兽，另一传说，其为龙的第五子。古代铜器及玉器，尤其玉琮上面常用它的头部形状作装饰。

麒麟：古代传说的祥瑞神兽，雄为麒，雌为麟，其身体像麋身，牛尾，狼蹄，一只角。是吉祥平安、太平盛事、天下统一的象征，也可辟邪赐福。是玉雕中的重要题材。

钟馗：传说唐明皇患病时梦见大鬼吃小鬼，明皇问之，大鬼自称钟馗，生前应试武举获得会元，殿试时因其相貌丑而被黜，受到不公正对待，忿极便触石阶而身亡，为此决心消灭天下妖孽。睡梦醒来，明皇召画工吴道子绘出钟馗图像，敕令于岁暮之时悬挂以祛邪魅。是人们认为镇邪祛恶的正义神明。钟馗吃鬼、钟馗打鬼、钟馗嫁妹、钟馗役鬼、钟馗斩狐等均为镇邪除恶的内容。

8.个人修养

这类题材大多通过一些具像的事物，喻指人们的道德修养。多用花卉表现。

聪明伶俐：图案为葱、菱、荔。葱与"聪"、菱与"伶"、荔与"俐"同音，象征聪慧可爱。

岁寒三友：为松、竹、梅。松，"贯四时而不改柯易叶"；竹，清高而有节，宁折不屈，开怀大度，人们常以竹之节寓气节之节；梅，不惧风雪严寒，明代杨维真曾有诗赞梅云"万花敢向雪中出，一树独揽天下青"，梅花之品格为历代人们所称颂。此图案颂扬品德、志节高尚之意。

英雄斗智：图案为一鹰一熊做争斗状。以鹰英、熊雄同音，二勇相争智者胜，以此来比喻英雄之大智大勇。

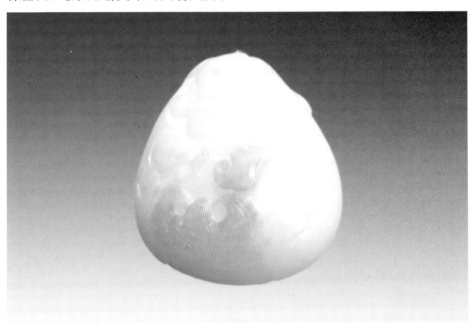

▶挂件，弥勒。

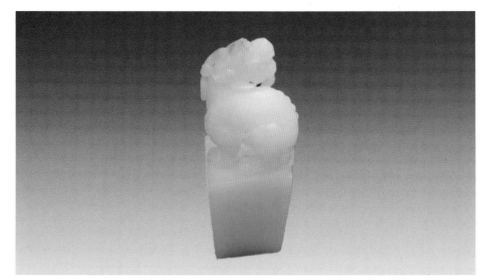

◉ 印章,瑞兽。

四君子:松、竹、梅、兰。喻君子的清高品德。

四艺图:琴、棋、书、画。表个人的文化素养。

五鹅图:出自书圣王羲之爱鹅之说。

葱:葱与聪同音,有聪明、聪慧之意。

莲:莲和廉同音,莲又有"出淤泥而不染"之意,寓意为清正廉洁。

古诗词句:表示具有文人的修养。

9.爱情,婚姻

爱情是永恒的题材,爱情忠贞、婚姻美满、家庭幸福、子孙兴旺是人们向往和追求的生活。

花好月圆:有词曰:"莫思身外,且斗尊前,愿花长好,人长健,月长圆。"后来成祝贺新婚的贺词。常用圆月和盛开的花朵表示。

和合如意:由荷、盒、灵芝构成,寓和谐美好,称心如意。

举家欢乐:菊花、花架和飞舞的鸟表示,菊与举、架与家音近,飞舞的鸟显示欢乐。寓意全家和睦、美满、幸福。

连生贵子:莲花是花中君子,其花和果同时生长,引申出连生贵子。画面多以一童子坐在荷叶上，一手抱笙，一手拿莲子表示，寓意多子多福。

榴开百子：石榴是多子多福的象征。

榴开得子：同上。

鸾凤和鸣：相传鸾是一种与凤凰同类的神鸟，后人多用来比喻男女婚姻美好，夫妻和睦、相亲相爱。

聪明伶俐：以葱和荔枝表示，希望孩子聪明伶俐。

夫妻和合：由鸳鸯和荷花表示夫妻相处和好、相亲相爱之意。

并蒂莲：又称并头莲，意指并排在同一根茎上的两朵莲花，用来比喻夫妻恩爱，情投意合。

鸳鸯贵子：图案多为鸳鸯和荷叶、莲子构成。鸳鸯成双成对，形影不离，人们将鸳鸯视为爱情忠贞不渝，婚姻幸福美满的象征，同时会生养好子女。

早立子：以枣、栗子表示，寓意或祈祝早生子女。

早生贵子：以枣和桂圆表示，借枣与早，桂与贵同音寓意早生贵子，是新婚祝颂之词。

10.神话传说

中国古代神话传说很多，在玉雕上也有许多反映这方面的题材，常见的如刘海戏金蟾、嫦娥奔月等，大多数为人们所熟悉，不过多介绍。

刘海戏金蟾：传说刘海原名叫刘海蟾，号海蟾子，五代后梁陕西人，燕王刘守光的丞相，后成仙，化鹤而去，道家南宗奉为祖，后人当

▶ 挂件，腰牌。"必定成龙"。玉石上均匀的洒金皮被大师充分利用，浮雕成上部祥云朵朵，中部一枚钱币，中下部是一条舞动的龙，意喻"必定成龙"。此件作品为一属龙玩家选料、选工、定制，由大师级巧工完成。玉质羊脂，背面雕环状，适宜腰部皮带而饰。

做福神。现今画面由刘海戏一只三足的金蟾和一串铜钱构成,寓意有福有钱。

天女散花:佛教故事,描写佛界维摩室中有一天女,姿色绝美,她常以天花散在各菩萨和弟子身上,以此检验他们的道行。花散在菩萨身上时皆落下,散在大弟子身上花却不会落下。后人将天女散花寓意春到人间,万紫千红。

嫦娥奔月:传说嫦娥是后羿的妻子,偷吃长生不老药后飘然飞天,住在月中广寒宫,与捣药的玉兔和砍树的吴刚为伴,人们将嫦娥称做月神。

吉祥文化帮助人们从心理层面、社会生活层面上树立信心,积极进取与创造,是我国民族传统文化中的珍贵遗产。玉器的吉祥图案是经过数千年的历史发展而成的,玩家、藏家和玉石玉器爱好者都乐于接受、购买一些有吉祥图案的玉器,这也是我国玉文化长久不衰的一个反映。历史在前进,人们的精神境界和审美要求也在不断地提高,我们更希望中国玉器吉祥如意图案在继承传统的同时,与时俱进,创造更富于时代精神的艺术,创作出为人们喜爱的新的吉祥图案,使我国玉文化焕发出新的光彩。

玩家必知

玉件吉祥图案的表现手法

玉件玉器吉祥图案是运用人物、走兽、花鸟、器物等形象及一些吉祥文字,以中国民间传说、神话故事为背景,通过比拟、借喻、象征、谐音等表现手法,构成"一句吉话—图案"的表现形式,来表达自己的愿望、追求、寄托、希望和向往等,寄托幸福、长寿、喜庆等美好愿望。

1.借喻法:借比喻的事物来代替被比喻的事物,即借助有寓意的事物来比喻吉祥。如元宝、钱币比喻富有;鸳鸯比喻夫妻恩爱、婚姻美满;仙桃、松柏比喻长寿;凤凰喻吉祥美丽;喜鹊喻欢喜、喜悦;蔷薇花、金盏花喻青春,长生不老等。

2.比拟法:分拟人和拟物两种,即可将人比作美好的事物,或将美好的事物当做人。如以梅、兰、竹、菊比为人之高风亮节;以牧童表示天下太平;以南极仙翁或麻姑比拟长寿；以"鹦鹉濡羽"典故为图案，寓意人生在世重情义，朋友有难，濡羽相助。

3. 象征法：借助于特定具体的事物，通过联想引申，将主观意识托附于客观事物，使特定具体的事物显现出抽象的意蕴，表达一定的吉祥寓意。如牡丹象征富贵；灵芝寓如意；大象表吉祥；龙凤寓祥瑞之兆；王母娘娘象征长生不老。

4. 谐音法：利用某一事物的读音与某一吉祥用字或用词同音或近音，来表达吉祥用意。如戟、桔谐音"吉"；蝙蝠谐音"遍福"、"遍富"；鱼谐音"余"；白菜谐音"百财"；鹿谐音"乐"；鹅谐音"我"；云谐音"运"；猴同音"侯"，鹿同音"禄"。

◗ 挂件，鸿运当头，鹅如意。

5.变形法：将适当的吉祥用语的汉字直接变化成图案。如"福"、"寿"、"万字图"等；把"喜喜"拉长为双喜，寓新婚欢喜，天长地久。

6.综合概括法：指各种方法的综合运用。如龙的造型融会了许多吉祥动物的特征于一体：鹿角，牛头，蟒身，鱼鳞，鹰爪，口角旁有须髯，颔下有珠，在民间是神圣吉祥之物，以尊贵，英勇，威武的形象存在于中华民族的传统意识中。凤凰在远古时代即被视为神鸟，是人们想象中的保护神，头似锦鸡，身如鸳鸯，翅如大鹏，腿如仙鹤，嘴似鹦鹉，尾如孔雀，居百鸟之首，象征美好与和平。在民间以龙代表男子，凤代表女子，两者相配为郎才女貌之意，用来祝福新婚夫妇幸福美满。

玉件玉器上的吉祥图案所表现的主题都是朴素的、积极的，反映了人们良好的愿望与向往，所谓"图必有意、意必吉祥"，了解一些这方面的知识，对赏玉，选玉，藏玉也是有帮助的。

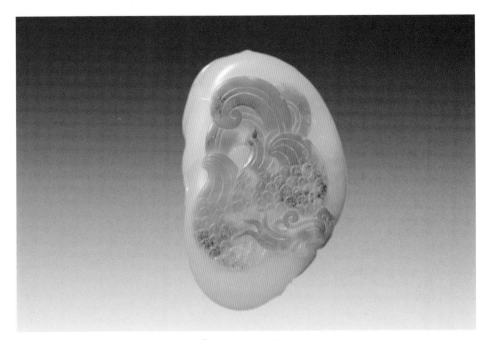

▷把件,龙凤呈祥。

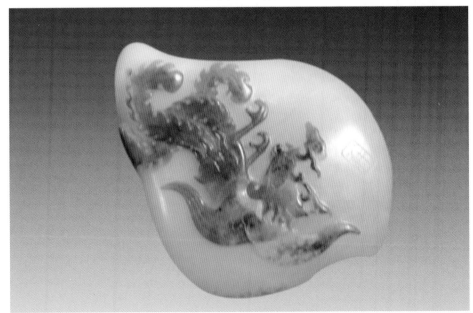

▷挂件,龙凤呈祥,玉质白腻,皮色黄红。

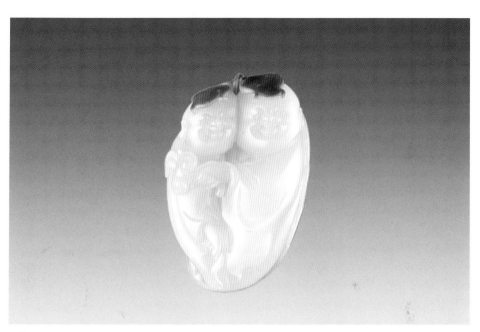

▶ 把件,伯仲运财。玉料顶端那色泽均匀的红皮寓鸿运当头之意。白玉质地紧密,凝脂莹润,油润度极高。把玩之中,别有滋味!

▶ 摆件,五子登科,此玉皮色黄绿黑加玉色白形成多色,被技师精心构思,相互对应,充分利用,既将玉质展现,又使作品主题突出。

把件。一路有金一路发。

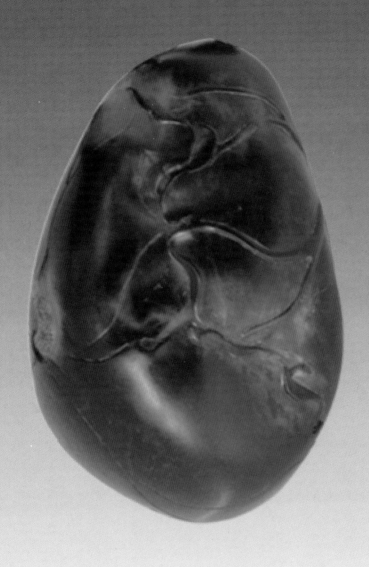

▶ 把件。一路有金一路发。另面。

▶ 挂件。蝶恋花。

① 唐延龄等著:《中国和田玉》,新疆人民出版社,2001 年版。

② 桑行之等编著:《说玉》,上海科技教育出版社,1993 年版。

③ 李沙著:《拍卖 收藏 典当》,学苑出版社,2001 年版。

④ 李英豪著:《保值白玉》,辽宁画报出版社,2000 年版。

⑤ 董洪全著:《和田玉投资与鉴别》,湖南美术出版社,2009 年版。

⑥ 孟君编著:《中国祥瑞图典》,团结出版社,2001 年版。

⑦ 陈长其著:《玉石鉴赏完全手册》,上海科技出版社,2007 年版。

⑧ 赵永魁编著:《玉器鉴赏与评估》,地质出版社,2001 年版。

⑨ 方泽编著:《中国玉器》,百花文艺出版社,2003 年版。

⑩ 徐龙国编著:《玉器纵横》,山东美术出版社,2002 年版。

⑪ 廖宗廷等编著:《中国玉石学》,同济大学出版社,1998 年版。

⑫ 徐燕珍编译:《中国玉》,艺术图书公司,1989 年版。

⑬ 卢何奇 冯建森著:《玉石学基础》,上海大学出版社,2007 年版。

⑭ 尚昌平著:《玉出昆仑》,中华书局,2008 年版。

⑮ 刘道荣等编著:《白玉鉴赏》,百花文艺出版社,2006 年版。

后记

《玩赏和田玉》一书的图片文稿终于整理编写完了。看着案头这些文稿和熟悉的图片，颇有一些感慨。

上个世纪中叶，父辈的援疆建设，使我从小生活、学习、成长在昆仑山下新疆那广袤富庶的土地上。从很小的时候就接触到了在那时并不“稀罕”的和田玉，对其莹润的光泽、璀璨的皮色、腻脂的感觉、千姿百态的形状有着一种莫名的喜爱。口袋中、书包里甚至铅笔盒里，总会有一两粒玉子，不管是走路还是做作业，总是拿在手中盘摩、把玩，也有过相约几个小伙伴去河床拣拾……或许是命运的安排，抑或是小时候的情有独钟，成年后的工作竟也是投入此行。

近三十年来，目睹亲历和田玉及和田玉市场令人诧异的变化与发展，既为我国传统玉文化的传承与兴旺发展感到欣慰与鼓舞，也因和田玉产量减少市场上鱼龙混杂以假充真的现象而惴惴不安。从而产生将自己从事和田玉相关工作数十年的体会与经验写出来，呈献给和田玉爱好者做为选择、收藏、把玩、欣赏、投资和田玉的参考。

在此，感谢我的师傅、老师、同仁，是他们无私传授给我许多知识、技能；感谢上海海派玉雕学会的各位朋友同行，是他们使我在上海这几年又开阔了眼界；在本书编写过程中参考了部分同仁前辈的一些著作，在此也深表谢意！

愿此书能够给您在玩赏和田玉中提供一些有益的帮助与参考，那将是我莫大的幸福与荣耀，也是我编写此书的初衷。

郭清海

2011 年 8 月

（书中的图片由上海玉雅斋、成都玉雅斋、乌鲁木齐玉雅斋提供）